U0189579

一天一树

一天一树
［英］艾米-简·比尔 著
种 杨 译
中国科学技术出版社
·北 京·

图书在版编目（CIP）数据

一天一树 /（英）艾米－简·比尔著；种杨译. -- 北京：中国科学技术出版社，2022.8
书名原文：A Tree A Day
ISBN 978-7-5046-9673-1

Ⅰ. ①一… Ⅱ. ①艾… ②种… Ⅲ. ①树木—普及读物 Ⅳ. ① S718.4-49

中国版本图书馆 CIP 数据核字（2022）第 112949 号

著作权合同登记号：01-2022-4273

First published in the United Kingdom in 2019 by B.T. Batsford
An imprint of B.T. Batsford Holdings Limited,
43 Great Ormond Street, London WC1N 3HZ

策划编辑	王轶杰
责任编辑	王轶杰
封面设计	锋尚设计
正文排版	锋尚设计
责任校对	张晓莉
责任印制	李晓霖

出　　版	中国科学技术出版社
发　　行	中国科学技术出版社有限公司发行部
地　　址	北京市海淀区中关村南大街 16 号
邮　　编	100081
发行电话	010-62173865
传　　真	010-62173081
网　　址	http://www.cspbooks.com.cn

开　　本	710mm × 1000mm　1/16
字　　数	276 千字
印　　张	23
版　　次	2022 年 8 月第 1 版
印　　次	2022 年 8 月第 1 次印刷
印　　刷	北京瑞禾彩色印刷有限公司
书　　号	ISBN 978-7-5046-9673-1 / S · 786
定　　价	128.00 元

（凡购买本社图书，如有缺页、倒页、脱页者，本社发行部负责调换）

目　录

序　言

右图：在美丽的山毛榉林中，蓝铃草如地毯般覆盖在地上。

下图：人类和树木从一开始就在一起。

树是什么？虽然大多数人给树命名没有什么困难，但当他们看到树时很难快速准确地下定义：几乎任何对树木的概述总有例外情况。树木在生物学上是同一群体。更确切地说，树木囊括了种类繁多的植物，从最广泛的意义上讲，树这个词可以用于指代有花植物和无花植物、单子叶植物和双子叶植物、高大植物和小型植物、直立植物和蔓生植物、木本植物和其他坚硬植物，如树蕨、棕榈和竹子。大多数树都是绿色的木本植物，有一个或多个称为树干的茎，它们大多可以长得很高。

在写这本书的时候，笔者试图解决一个特别的问题：不在乎树是什么，而在乎树意味着什么？在接下来的篇幅中，笔者试图通过大量讨论和学术资料进行探寻，但最终这个问题是很个性化的问题。树对你来说意味着什么？

解放橡树

美国

解放橡树仍然矗立在弗吉尼亚汉普顿大学的入口附近。

1863年，正是在美国弗吉尼亚州的小镇汉普顿的一棵巨大的南方橡树（弗吉尼亚栎）下，当地人聚集在一起，聆听美国总统亚伯拉罕·林肯（Abraham Lincoln）在南方首次宣读解放宣言。

“从1863年1月1日起，任何州内所有被奴役的人……将从此获得永远的自由。”

解放橡树还与玛丽·皮克（Mary Peake）有关。她是一名自由的美国黑人妇女，她不顾州法律的限制，教育被奴役和被束缚自由的美国黑人，即使在南北战争爆发期间她也继续上课。她在一棵解放橡树下讲课，该地是后来汉普顿大学的第一个教学场所，这棵橡树至今仍然矗立在汉普顿大学的校园里。

大橡树

英格兰

树枝的脱落是古树生命阶段的一个自然过程，但像许多备受喜爱的标本一样，大橡树也需要一些支撑物来维护其标志性的形状。

这棵生长在英国诺丁汉郡埃德温斯托村附近的巨大的空心橡树，被认为有900~1000年的历史，它可能是英国许多古老的有梗植物或英国橡树中最著名的一棵。这棵生长在舍伍德森林的有着悠久历史的大树似乎与罗宾·汉（Robin Hood）的传奇有着强烈的联系。这个亡命徒和他的手下是否曾在这些枝干上或下面休息过？每年成千上万的游客受这种猜想的吸引，从附近的游客中心沿着平缓的人行道前来观赏这棵树。“大橡树”（也可译为“少校橡树”）这个名字是为了纪念海曼·鲁克（Hayman Rooke）少校，他在1790年写了一本关于该地区著名树木的书。在此之前，它被称为女王橡树和公鸡树。

最南端的树

上图：在南美洲南端火地岛附近的合恩角的树木。

右上：鼹鼠发现了河岸动物不去野林的原因。
保罗·布兰森（Paul Bransom）绘

右下：约瑟夫·塔布的诗与这棵树一起生长了将近170年。

地球上最南端的树木生活在南美洲的尖端——火地岛附近霍诺斯岛的合恩角。在岛屿的东部，树木生长在短而浓密的常绿森林中，为麦哲伦企鹅的繁殖地提供了保护。森林的南部是孤立的树丛，生长在露出地面的岩石的庇护下，在那里它们受到保护，免受凶恶风暴的侵袭，而合恩角正是因岩石形成的岬角而闻名。其中最南边的是麦哲伦山毛榉（*Nothofagus betuloides*）。2019年1月，生态学家布莱恩·布马（Brian Buma）和安德烈斯·霍尔兹（Andrés Holz）领导的一次探险活动发现了这棵树并绘制了地图。经测量，这棵树的高度不超过35.5英寸（约90厘米），树干直径4英寸（10厘米）。根据其无损的年轮圆环计数，它被发现时已经41岁了。

1月4日

“那边是什么呢?”鼹鼠用爪子指着一片黑黑的位于水草甸周围的树林问道。“哦，那就是野林。”水鼠简短地答道，“我们住在河岸边，不常去那儿。”

选自肯尼斯·格雷厄姆（Kenneth Grahame）于1908年所著的《柳林风声》（*The Wind in the Willows*）

1月5日

诗树

英格兰威腾汉姆树丛

“我们步履艰难地爬上山
两大树丛之一在哪里?
它们掩蔽的树枝伸展开来。”

1844～1845年，当地艺术家约瑟夫·塔布（Joseph Tubb）在英国牛津郡威腾汉姆（Wittenham）树丛中的一棵山毛榉树的树皮上写了一首诗，并将诗的一部分刻了下来。2012年这棵树倒了，原址留有一块嵌着青铜匾的石头，上面刻有这首诗的抄本，还有一幅摹本，被认为是1965年的树皮拓印。

饮酒狂欢
英格兰

第十二夜，人们在英国德文郡用热苹果酒敲打苹果树。《伦敦新闻画报》（1861）

在英国，饮酒狂欢的传统标志着一年的转折，在冬至之后的日子里举行。庆祝活动开始于圣诞节，在之后的第十二夜达到高潮，此时白天的时间开始明显变长。在某些地区，饮酒狂欢的传统还包括挨家挨户唱歌以换取礼物——食物和酒精饮料，这是颂歌和不给糖就捣蛋的最初形式。

然而，在苹果种植区，传统的重点是果树。人们装饰果树（有时挂着烤面包片），给果树浇上苹果酒，唱歌、饮酒狂欢，企盼果树来年有个好收成。

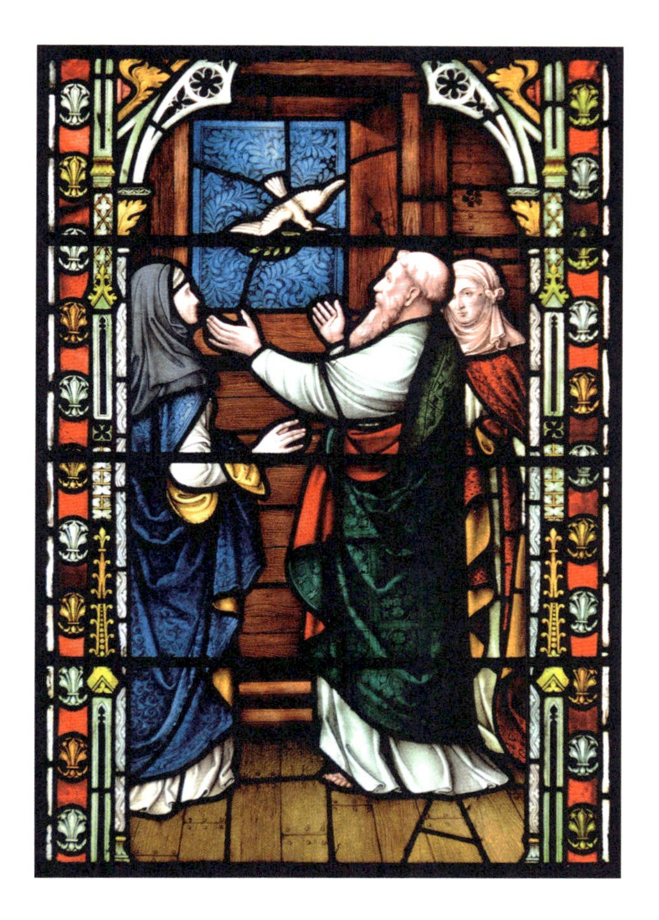

橄榄枝

黎巴嫩古姐妹树

在大洪水期间，一只鸽子带着一棵姐妹树的橄榄枝，向诺亚发出了即将到达陆地的信号。

根据旧约圣经中的故事，当挪亚方舟漂浮在大洪水中时，一只鸽子从挪亚方舟飞出，带着一棵橄榄树上的绿色小枝返回，带来了洪水一定会退去和陆地就在不远处的希望。

黎巴嫩民间传说表明，该树枝的来源是生长在贝克勒（Bcheale）小镇的一片树林。剩下的16棵树被称为古姐妹树，据说树龄在5000～6000年。这使它们成为世界上最古老的非克隆树，可与美国加利福尼亚州的狐尾松相媲美（见第109页）。

由于树干是空心的，这些树木的年龄尚未得到证实。这些树仍然结果，由一个为照顾树林而设立的慈善机构将果实制成非常畅销的橄榄油。

金钱树
英格兰

在约克郡山谷英格尔顿瀑布旁步道上的一棵许愿树，游客可以在那里将一枚硬币敲入树上祈求好运。

在英国的林地中，有成百上千的硬币被敲入倒下的腐烂树木中。虽然这一传统可能起源于非基督教徒，并且有一些关于19世纪金钱树的报道，但这种做法似乎在近几十年来，尤其是在英格兰北部更加盛行。20世纪80年代在博尔顿修道院，大风吹倒的一棵树被拖到一条人来人往的小径旁，很快树上就开始积累硬币。后来，在约克郡山谷和坎布里亚郡也有类似的例子。不言而喻，这种做法对活树的伤害很大。

奇维罗湖岩画
津巴布韦

这是津巴布韦哈拉雷附近的奇维罗湖休闲公园的一幅岩画，描绘了砍伐树木的情景。

我们在史前岩画中几乎看不到植物，然而动物的形象比比皆是。一直到大约5000年前，为艺术家们所熟知并描绘的植物图像几乎没有出现过。它们从一开始，似乎就是作为资源出现的。这棵精心渲染的树是在津巴布韦奇维罗湖上的布须曼角绘制的，就是一个很好的例子。它的历史可以追溯到大约2000年前，从旁边那个挥舞着斧头的小人来看，这棵树似乎是要用于买卖。

左图：在美国华盛顿特区的美国国家植物园展出的“守望者”（Goshin）盆景，由其创作者约翰·仲义雄于1984年捐赠。

右上：留有树须的树人在2002年的电影《指环王2：双塔奇兵》中吱吱作响。

右下：在这个取自玛雅统治者巴加尔的石棺的图案中，这位长期统治的君主躺在十字架世界之树的脚下。

“守望者”

约翰·仲义雄

日本盆景艺术最高级的例子“守望者”（意为“精神的保护者”）是由日裔美国园艺家约翰·仲义雄（John Yoshio Naka）创建的一组11株杜松（属于杜松变种）。最初创作于1948年，只有两棵树，多年来他一直向其中添加。1964年，他已经创造了一个由七棵树组成的小森林，每棵树代表他的一位孙子或孙女。此后，“守望者”逐渐形成最终的结构。谈到他煞费苦心的缓慢创作过程，仲义雄说：“……盆景不是你在树上工作；你必须让树在你身上工作。”

1月11日

树须

英国作家约翰·托尔金（John Tolkien）创作了奇幻史诗《指环王》。在其中的中土世界中，树须（也称法贡）是树状人（简称树人）中最古老的，因此也是整个领域中最古老的生物。他出现在《双塔奇兵》《王者归来》以及前传《精灵宝钻》中。树人被赋予了一种奇异而深刻的智慧：它们反应迟钝，但被唤醒时非常强大，在与黑巫师萨鲁曼的战斗中发挥了关键作用。

1月12日

木棉树

在中美洲神话中，木棉是一棵世界树或轴心世界，将人类的陆地世界与天堂、可怕的地下世界连接起来，地下世界称为希泊巴（意为“恐惧之地”）。在其他传说中，树干有时被描绘成一只巨大的站在它尾巴上的凯门鳄。现实世界中的木棉是生长于中美洲、南美洲和加勒比地区的大型、长寿、多刺的树木。它们是吉贝属，也叫爪哇木棉，其种子纤维是很好的填料。

这是来自罗马庞贝城壁画的复制品，画的是女神达芙妮即将逃离阿波罗的怀抱——注意，她的月桂枝头正在发芽，和她的披风颜色一样。

月桂或达芙妮

月桂树

月桂树在古典世界中被认为是神圣的。其富有光泽和芳香的叶子被广泛用于地中海式烹饪，生长茂密的月桂树可作为树篱，在花园中被修剪成形。在希腊神话中，盖亚的女儿女神达芙妮躲避了多情的阿波罗的求爱，却给他留下了一棵月桂树供他崇拜——从此他一直戴着用树叶做成的花环。月桂树对罗马人来说仍然是不朽的象征，众神和皇帝都佩戴花环，花环还被授予胜利者和冠军，以作为他们成就的象征。这一传统以文字和象征形式，如在肖像画中、在授予学士学位和荣誉称号方面，延续至今。

常见山茱萸

山茱萸

常见的山茱萸是欧洲和亚洲的林地下层乔木，其椭圆形叶子与宽阔弯曲的叶脉很容易辨认。它的另一个名字——血山茱萸，是参照其在冬季的红色茎而得名的，它的茎特别直且坚硬，适合制作成串肉扦、箭杆和矛。1991年，人们熟悉的、在新石器时代遗址高山冰川中、被称为"冰人奥兹（Ötzi）"的木乃伊旅行者被发现，他的5000多年前的箭袋里装着山茱萸。有人曾声称，耶稣基督被钉在十字架上，这个十字架也是由山茱萸制成的。

山茱萸冬季发光的茎意味着它是园艺环境中的一种受欢迎的物种，在那里它提供了壮观的季节性色彩。

收集枫树汁

北美

枫糖浆是某些树种枫树的浓缩汁液，这些枫树通常是糖枫（*Acer saccharum*）或黑枫（*Acer nigrum*）。枫树，像许多季节性气候的落叶树一样，以淀粉的形式在其根部储存碳水化合物。在冬末，枫树调动储备，将其转化为糖并向上运输，准备为在春季的迅速生长提供养分。

传统上，人们获取汁液是使用短管（一种带有尖头的金属或木管）来挖掘进树皮下的软木，软木中包含数以千计的细小导管，可以传导树干的汁液。从每个短管滴下的汁液被收集在一个桶中，然后煮沸，汁液浓缩为原来的1/40，从而成为风味独特的超甜产品。现代的技术改用塑料收集袋或管子将树液直接输送到中央萃取设备。

用传统的方法收集枫树汁。树干上有以前留下的系列针状疤痕。

泰内雷的树
尼日尔

在一片空旷的土地上，这棵令人心酸的地标树曾经是世界上最与世隔绝的树。

一棵金合欢树生长在撒哈拉沙漠中的泰内雷（Ténéré）地区，最近的树与它的距离有217英里（约350千米），1973年前它一直被认为是世界上最孤立的树。它是该地区沙漠化之前存在的稀树草原景观的遗迹，也是一个意义深远的地标，在被一辆卡车碾过45年后，它的位置仍被标注在撒哈拉大比例地图上。它的遗骸被位于非洲尼日尔共和国首都尼亚美的尼日尔国家博物馆收藏，一个金属树雕塑现在矗立在它原来的位置上。

特莱西恩施塔特（特雷津）树

捷克共和国

来自特莱西恩施塔特犹太区的艺术品（1942～1943）。1944年，由于红十字会即将到来，纳粹“美化”了贫民区。这一诡计生效了。

第二次世界大战期间，特莱西恩施塔特犹太人区是捷克特雷津镇的一个集中营。作为纳粹宣传活动的一部分，囚犯被允许进行宗教和文化活动，并教育其子女。1943年，为了庆祝犹太人的“树的新年”（Tu B'shvat，在公历的1月或2月），一名被拘留的教师艾玛·劳舍尔（Irma Lauscher）种下了一棵偷偷带进来的西克莫无花果树，并鼓励孩子们去照料它。在前往奥斯威辛集中营途中经过特莱西恩施塔特的1.5万多名儿童中，只有不到200名幸存者。但多亏了他们和老师的悉心照料，这棵树活到了21世纪。它保存下来的树干矗立在犹太人聚居区纪念博物馆的场地内，由它的种子培育出来的数百棵后代现在生长在世界各地的纪念地。

莫顿湾无花果或澳大利亚榕树

大叶榕

生长在澳大利亚西部珀斯国王公园的莫顿湾无花果，展示了典型的支撑根和多根树干。

这些潜在的巨大树木以寄生植物的形式开始生命——从寄主树枝上沉积的种子中发芽，落入地面生根，然后长大、变厚，以便在寄主死于窒息时它们可以自给自足。成熟的树木以巨大的支撑根为特征，有的表现为从树枝落到地面的气生根帘。该物种原产于澳大利亚东部，但已广泛引入世界的热带和暖温带地区。

孤独的柏树

美国

孤柏树被认为是北美上镜最多的树，并已被当地社区注册为商标。

这棵标志性的树生长在加利福尼亚州卡梅尔附近的蒙特雷半岛圆石滩上方的岩石露头上，是一种蒙特雷柏树（大果柏树，以前被称为大果柏树）。该物种被认为在史前时期分布得相当广泛，尽管它现在已被引入其他地方，特别是在新西兰，但天然生长的分布范围仅限于圆石滩和附近罗伯斯角的两个小种群。

基德克雅斯（金黄色云杉）

加拿大

一种极不寻常的金针锡特卡云杉（金黄色云杉）生长在不列颠哥伦比亚省海岸外的海达瓜群岛最大的岛屿上，该岛屿是海达族人的圣地。然而，这棵树因一场悲剧而闻名，一名名叫格兰特·哈德温（Grant Hadwin）的当地伐木工出于妄自尊大的抗议行为，将其砍倒。据他自己说，1997年1月20日，哈德温带着一个特别购买的电锯游过冰冷的河流，把树锯断，两天后风一刮，树就倒下了。哈德温声称，他的动机是仇恨“大学培训的教授和他们的极端主义支持者”。在审判之前，公众的愤怒是如此之大，于是哈德温声称担心自己的生命安全而拒绝乘坐公共交通工具。他乘独木舟去法庭，然后就消失了。几个月后，那条独木舟被找到了，但哈德温再也没有出现过。关于他最终命运的谜团——淹死、谋杀或逃跑，至今仍未解开。

在海达人的神话中，这棵金黄色云杉曾是一个男孩，他被超自然的力量变形，作为对大自然不敬的惩罚。

海椰子

复椰子

塞舌尔昂斯布丹海滩上的海椰子。

海椰子最初被描述为来自马尔代夫海滩的巨大种子，在那里，它们有时被认为是起源于超自然的海底。海椰子树的种子是所有已知植物中最大的，有时重达37.5磅（17千克），它们来自最重的野生水果——重达92.5磅（42千克）的双叶椰子。这些非凡的果实需要六七年才能成熟，再过两年才能发芽。

流行的观点认为，这种树依赖于一种长途的传播策略，即坚果通过海洋长途传播，这掩盖了该物种的自然分布仅限于塞舌尔群岛的少数岛屿的事实。事实上，可生长的坚果密度太大，不可能漂浮在水面上，而那些偶尔漂浮在数千英里之外的坚果已经腐烂。

1月22日

“我认为……”
达尔文的生命系统进化树

用来显示生物或物种之间关系的树状图被称为枝形图。英国生物学家、博物学家查尔斯·达尔文（Charles Darwin）在笔记本上草拟了一个早期版本的草图，但在他有生之年从未出版过，这一版本已成为进化思想的标志。这是2000年剑桥大学图书馆丢失的两本笔记本之一，现在人们相信这两本笔记本是被偷走的。

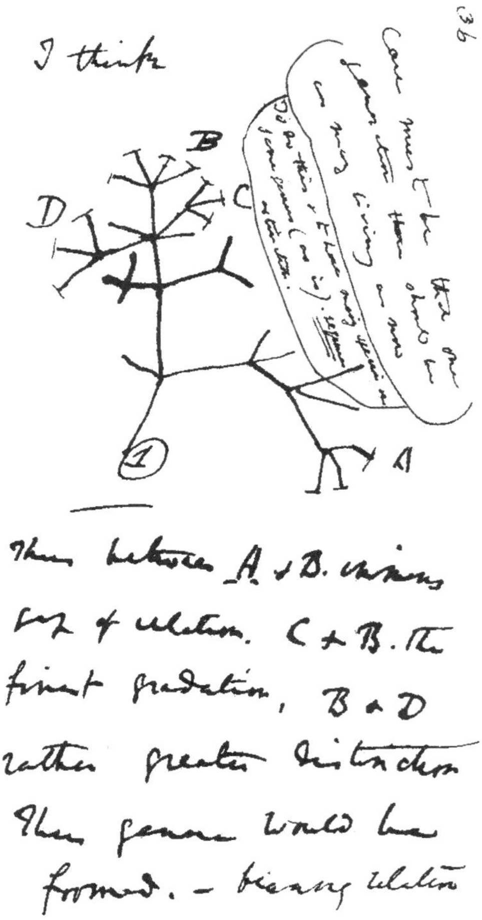

查尔斯·达尔文的第一张进化树图，这张草图来自他的第一本关于物种演变的笔记本（1837）。

树雕塑

罗克西·潘恩的《大旋涡》(2009)

2009年,《大旋涡》在曼哈顿大都会艺术博物馆的屋顶上进行了为期六个月的展览。

美国艺术家罗克西·潘恩（Roxy Paine），其最著名的作品可能是他称之为“树状物”的巨大的树形雕塑。它们是他按照与管理真实树形相似的数学规则构建的。他创作《大旋涡》的目的是表现风暴的旋涡和爆裂的能量，以及它们对森林的影响，潘恩还说，灵感源自“精神风暴，或者我在癫痫病发作时的想象”。

奇普科运动

印度

奇普科（Chipko）运动是一项环境保护运动，于20世纪70年代在喜马拉雅山下的印度北阿坎德邦由村民发起，抗议商业砍伐白蜡树对森林日益贪婪的掠夺。该运动与1730年印度妇女阿姆里塔·德维（Amrita Devi）和其他363名比什诺伊（Bishnoi）印度教徒的牺牲紧密联系在一起（见第265页“比什诺伊的牺牲”）。虽然奇普科运动的领导人是男性，但女性是其影响力的关键，也是其非暴力直接行动有效性的关键。奇普科运动创始人桑德拉·巴胡古纳（Sunderlal Bahuguna）的“生态是永恒的经济”主张激励了一代活动家。

左图：奇普科运动有助于将“拥抱树木的人”一词引入主流用法。

右上：冬天蓝山雀栖息在山茱萸枝上。

右下：一棵经过一个夏天生长的橡树幼苗。

1月25日

冬天的“火”

常见山茱萸的栽培品种是为了在冬季光秃秃的树枝上获得鲜艳的颜色，但也有实际用途。山茱萸的果实虽然一般不被人们食用，却深受鸟类的喜爱，因此经常被种植在樱桃和李子果园附近，以分散鸟类对主要作物的注意力。

1月26日

“人类天生具有
一套独特的潜力，
当渴望得到满足，
就像橡子渴望成为
它心目中的橡树。”

古希腊博学家与哲学家
亚里士多德
（公元前384—前322年）

马勒姆白蜡树
英格兰

在北约克郡的马勒姆峡谷拍摄的大量影视和摄影景观中，一颗孤零零的白蜡树占据了核心位置。

一棵孤独的白蜡树（欧洲白蜡树）生长在英国约克郡山谷内马勒姆峡谷的石灰岩高地上，是英国上镜最多的树之一，也是最顽强的树之一。这些奇怪的岩层被称为石灰石路面，由形状不规则的石块（硬块）和深风化的裂缝（灰岩深沟）组成。高地暴露在外，但灰岩深沟提供了一个受庇护的微观世界，各种各样的植物可以在其中茁壮成长。孤独的树给人留下了深刻印象，它通常可以通过树根深入岩石中越来越小的裂缝和缝隙获得大量的水。

马尾树
芦木属植物

在德国萨克森州3亿多年前的化石中，古老的马尾状叶子清晰可见。

在现代，诸如木贼属的马尾树是常见的生长在潮湿地方的植物，很少生长超过3.25英尺（约1米）高。但是在3亿多年前，巨型马尾树，诸如芦木属马尾，是占主导地位的高大植被之一。有些长到164英尺（约50米）高，支撑在木质茎上，茎是中空的且有节，类似竹子，但有明显的垂直肋。丝状叶子环生于植物茎部，类似于现代马尾辫。

1月29日

黑暗树篱

北爱尔兰

18世纪晚期，在北爱尔兰安特里姆郡，沿着格雷斯希尔住宅（Gracehill House）的入口种植了大约150棵山毛榉，形成了一个引人注目的大树隧道。这个地方成为美国热门电视剧《权力的游戏》中的国王路，吸引了大量游客。2016年1月，两棵大树被格特鲁德风暴（Storm Gertrude）的大风刮倒，它们的木材被雕刻成10扇精心装饰的门，这些门是根据《唐顿庄园》第六季的场景设计的。现在，靠近《权力的游戏》其他拍摄地的酒店和酒吧都安装了这种门。

阿尔斯特黑暗树篱中庄严的树枝和古老山毛榉的阴沉阴影创造了一种不可抗拒的电影氛围。

帕拉橡胶树

橡胶树

橡胶树，如赫尔曼·阿道夫·科勒（Hermann Adolph Köhler）在19世纪草药志《科勒的药用植物》（*Köhler's Medicinal Plants*）中所示。

作为大戟科家族中最大的成员之一，橡胶树在自然状态下的高度超过130英尺（约40米）。它原产于亚马孙雨林，当地人收获了树上的乳胶。随着亨利·古德伊尔（Henry Goodyear）对硫化工艺的改进，橡胶树变成了植物黄金，产生了更有弹性、更不易腐烂的产品。1876年，亨利·韦翰（Henry Wickham）从巴西偷盗一批数量庞大的橡胶种子，走私到英格兰皇家植物园。在当年的英国和荷兰的殖民地印度、锡兰（今斯里兰卡）、马来亚（今马来西亚）、东印度群岛（今印度尼西亚）和新加坡，这批种子落地生根被用来建立大规模的种植园。

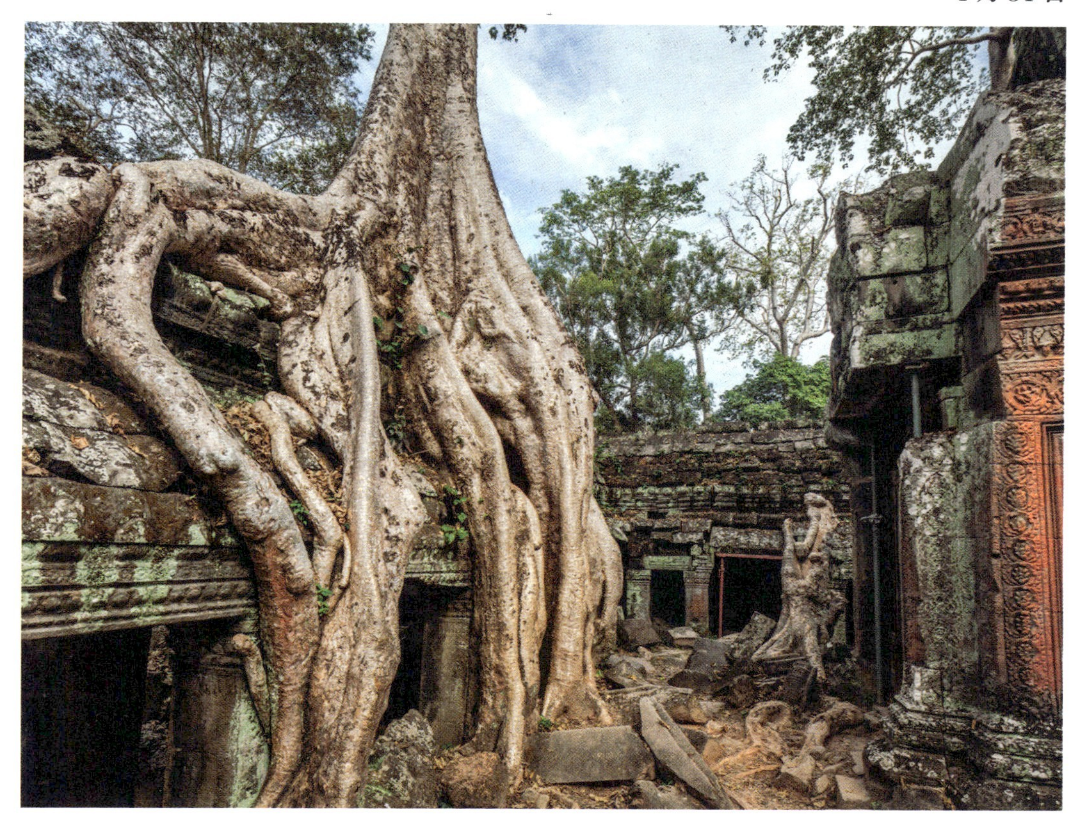

吴哥的扼杀者

柬埔寨

在吴哥窟附近的塔普伦寺遗址中，巨大的树木似乎是建筑的一部分。

位于柬埔寨暹粒市（Siem Reap）的吴哥窟（Angkor Wat）建于12世纪，是一座巨大的庙宇城市，它的建筑经久不衰。但随着高棉帝国（Khmer Empire）的衰落，它被遗忘了几个世纪，而这给了大自然一个充分利用这些建筑的机会，在建筑群的某些部分，石雕已经遭到各种各样的破坏——被分开，几乎完全被印度榕树（无花果属）、木棉或蚕丝棉（爪哇木棉）和蒂波克树（四倍体裸花）的根和嫩枝吞没。这些树能长到如此大的尺寸并且扎根于砖石结构中，似乎很不寻常，事实上建造庙宇的砂岩存在异常的多孔性，能够让水分充分渗透到树根中。虽然寺庙的部分建筑群已经无法修复，但手脚灵活的园丁们现在严格控制着树木的进一步生长，他们避免使用绳索和脚手架，以免损坏石制品或掩盖建筑物。取而代之的是，他们以钢铁般的意志使用修枝剪、长梯子进行工作。

林村许愿树
中国香港

林村的许愿树，在中国农历新年庆祝活动中，挂满了橙子和许愿纸条。

香港放马莆天后庙内高大的榕树，在当地是中国传统农历新年庆祝活动的焦点。当地人会把愿望写在红色纸卷上，用绳将纸卷绑在橙子上，然后把它们扔到树枝上。如果绳子被树枝挂住了，愿望就会实现。纸和橙子很亮眼、引人注目。但随着树木的老化，果实的重量相对过重，2005年，一名老人和一名儿童因树枝掉落而受伤。因此，现在已经改用塑料制成的橙子，扔到一颗复制的假榕树上。

梅纳拉

婆罗洲（加里曼丹岛的旧称）

黄色莫兰蒂树是婆罗洲热带雨林树木露生层的一部分——它们的树冠高耸在由不那么高大的物种构成的树冠之上。

婆罗洲（加里曼丹岛）马来西亚沙巴州的丹浓谷（the Danum Valley），是世界上最高的开花植物——一种黄色的莫兰蒂树（黄柳桉）的家园。这棵树的绰号是“梅纳拉”，在马来语中是“塔”的意思，它于2014年被来自牛津大学和伦敦大学学院的一个团队发现，并进行激光雷达扫描（见第306页）。然后人们对它进行进一步的地面激光扫描、人工测量，并在2018年进行无人机调查，测量和调查了它巨大身材的数据与特征，估计其质量为81.5吨。在2019年1月，环保人士和爬树者恩丁·贾米（Unding Jami）爬上这棵树，从它的顶部放下一根胶带，确认了它的高度为331英尺（约100.8米），比之前的被子植物纪录保持者——一种被称为百夫长的山白蜡树（见199页）高4英寸（约10厘米）。

召唤帮助

松树天蛾的毛虫是寄生蜂的目标，这有助于确保树木不会被过度伤害。

人们对包括松树和榆树在内的多种树木进行研究，结果令人震惊，这些树木与某些种类的寄生蜂形成联盟，涉及物种间的化学交流。当其中一棵树被毛虫攻击时，一种特殊的芳香化合物就会被释放出来，不仅是受损的叶子，树上的每一片叶子都会释放出这种物质。这种化合物被雌性寄生蜂识别，它们飞过来，用一个针状产卵器将卵注射到毛虫体内。寄生蜂幼虫迅速杀死了毛虫，树木也获得了喘息的机会。最令人印象深刻的是，只有毛虫分泌唾液时这些树才会发出求救信号，对其他种类的伤害，如用剪刀剪树叶或鹿啃食时，这些树不会发出同样的求救信号。

博斯被淹没的森林

威尔士

冬季的暴风雨和低潮偶尔会结合在一起，暴露出青铜器时代生长在锡尔迪金郡海岸的森林遗迹。

在西威尔士的锡尔迪金郡（Ceredigion）海岸的博斯（Borth）和伊尼斯拉斯（Ynyslas）之间，古老森林的化石遗迹在退潮时可以被看到。数千年前，海平面上升淹没了这片森林，这在该地区的众多民间传说中都有记载，尤其是坎特尔·格瓦洛德（Cantre'r Gwaelod）的故事，这是一个迷失在海底的王国。保存下来的树桩是松树、橡树、桤木和白桦树的树桩，根据碳测年研究，这些树桩在4500～6000年前死亡。

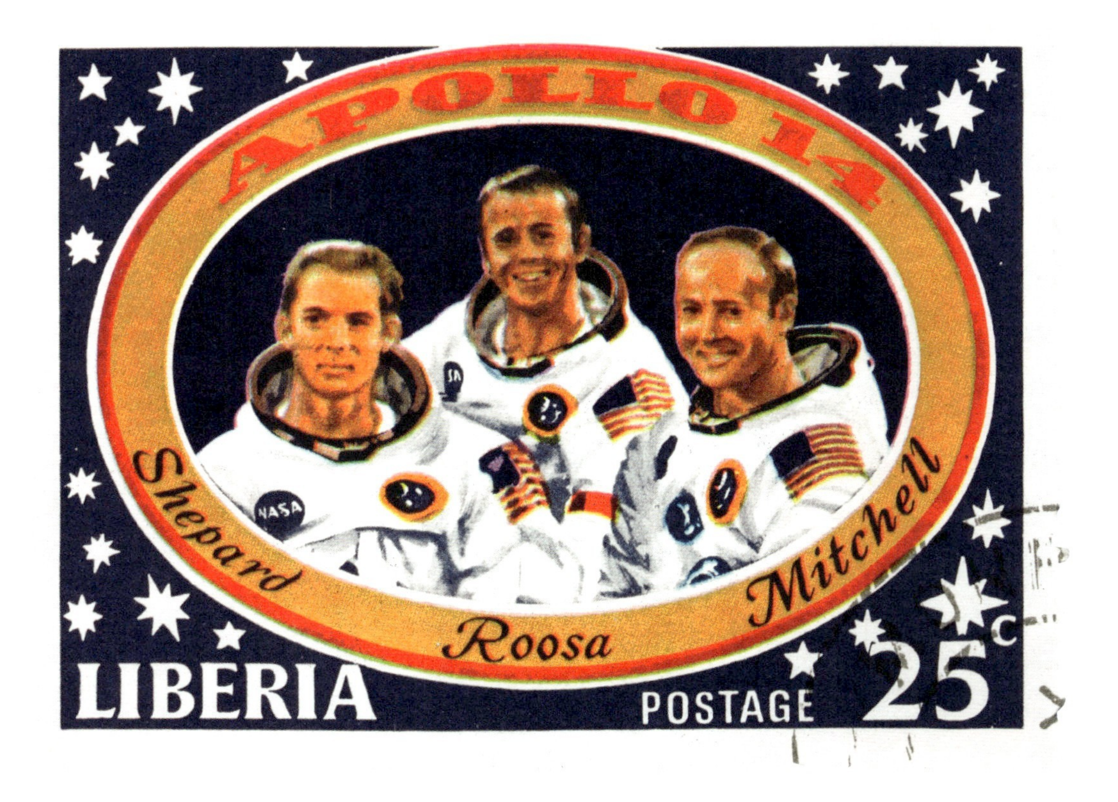

月亮树

上图：阿波罗14号任务的成员于1971年2月5日在月球着陆。

右上：德国多特蒙德的一条优雅的鹅耳枥大道。

右下：毛桦最明显的标记是它的树皮有横的皮孔。

在1971年2月的阿波罗14号太空飞行任务期间，美国宇航员艾伦·谢泼德（Alan Shepard）和埃德加·米切尔（Edgar Mitchell）在月球表面弹跳并打高尔夫球，而他们的同事、指挥舱飞行员斯图尔特·鲁萨（Stuart Roosa）仍在轨道上。他随身携带了美国林务局给他的500颗种子。旅途似乎没有对它们造成任何伤害。回到地球后，其中420颗经过长途运输的种子成功发芽。从1973年开始，他们培育这些混合着梧桐树、枫香树、红木、火花松和道格拉斯冷杉种子的树，称它们为月亮树。斯图尔特和他的女儿罗斯玛丽（Rosemary）将这些月亮树的种子作为礼物送到世界各地。距离现在最近的一棵是火炬松，于2016年在美国宇航局位于得克萨斯州休斯敦的约翰逊航天中心被重新种植。

欧洲鹅耳枥

鹅耳枥的叶子极其优雅，它的表面与山毛榉相似，但有细齿。整个夏天它们都保留着轻微的交替褶皱。具有纸质及绿色纹理的鹅耳枥果实被称为翅果。它们成束悬挂，成熟时会吸引大群鸟类，包括雀类和山雀。鹅耳枥因其木材的强度而备受推崇，并且经常被修剪以刺激它产生更多的茎干。

毛桦

欧洲桦

作为银桦木的近亲，毛桦可以通过小茎和叶柄上的柔软的绒毛和树皮上大量横向的疤痕（皮孔）被识别，它通常是灰棕色而不是白色，缺乏银桦木如纸一样的“可剥离性”。然而，这两个物种很容易杂交，使得识别变得更难。毛桦是世界上地处最北的阔叶树，生长在北极地区。

禁止停车树
花楸属树木

到2020年，随着树干空洞化和腐烂，原来的“禁止停车”树似乎已接近其生命的尽头。

这种罕见的树木只在英国北德文郡沃特斯米特附近的混合林地中被发现过。1930年，人们第一次注意到这棵树，它生长在一个路旁停车处，树干上钉着“禁止停车”的牌子。它之所以引起人们的注意，是因为它显然是一棵白面子树，其叶子却奇特地呈浅裂状。直到2009年，21世纪的分子分析最终证明这棵独特的树是一个单独物种，当时，该地区共发现了100多个样本。

树

塔尼亚·科瓦茨（Tania Kovats，2009）

英国伦敦自然博物馆的天花板艺术品，由一棵200年历史的橡树切片制成，长55.8英尺（约17米），被命名为“树”。

这个壮观的装置是为了纪念英国生物学家查尔斯·达尔文（Charles Darwin）诞辰200周年，同时也纪念他的著作《物种起源》出版150周年而制作的。这个概念的灵感来自达尔文的生命系统进化树（见第28页），但这棵树是真的——一棵生长在英国威尔特郡朗利特庄园的200岁的橡树。这棵树已被200棵新树苗取代，随着时间的推移，这些树苗将形成一个纪念性的小树林，而树根被挖开后形成的大坑将变成一个野生动物的池塘。在英国伦敦自然博物馆的卡多根画廊的天花板上，这棵有200年历史的橡树的树干和主要树枝的薄片被用来制作这幅引人注目的蒙太奇作品。达尔文乘坐贝格尔号（HMS Beagle）进行历史性考察时，将这棵树的标本分发给到访国家的博物馆。

美洲红树

美洲红树的根编织在许多加勒比岛屿的边缘，既提供庇护，又能控制侵蚀。

美洲红树是一种热带物种，适合在潮汐栖息地生长，它可以适应浸水、缺氧的环境和高盐浓度，而这对于大多数其他开花植物来说都是致命的。美洲红树原产于大西洋两岸的海岸，在相对隐蔽的浅海沿岸形成茂密的林木。它的气生根不仅促进了氧气的吸收，同时也巧妙地作为支撑树枝的结构，让树木在高水位线上伸展得非常宽广。

人类世树或最孤独的树

坎贝尔岛

这棵孤独的锡特卡云杉是这项不明智的林业计划的唯一幸存者，现在它在定义人类世中发挥着警醒人们的新意义。

生长在新西兰以南373英里（约600千米）的坎贝尔岛荒凉的边远地区，一棵单一的灌木状的锡特卡云杉（又称北美云杉），是世界上最偏远的活树。它不是本土的，因为该岛的亚南极气候非常不适合植树造林，它是20世纪初期由新西兰总督、兰弗利伯爵乌切特·诺克斯（Uchter Knox）委托建造的种植园中唯一存活下来的树。也许这棵树更持久的名声是它标志着被称为“人类世”的地质时代的开始。对其木材的分析显示，在1965年形成的年轮中，放射性碳含量出现了峰值，这与20世纪五六十年代在太平洋进行的地上核试验相呼应。科学家们认为这是一个恰当的标志，表明人类活动成为对地球的主要影响因素。

2月12日

盆树

日本

在水野俊彦的一幅传统木版版画中，贫困的常阳佐野用他珍贵的盆景树的树枝生火。

日本的盆树艺术，翻译为“盆栽树”，是盆景的前身，其中树木被种植在限制其生长的小容器中。在盆树中，容器是碗，其根部空间比真正的托盘种植盆景可用的空间更大。这个词也是14世纪一出能剧（日本传统戏剧之一）的名称，该剧讲述了一位贫穷而年迈的武士常阳源左卫门（常阳佐野），他砍毁了他心爱的盆景树木：一棵李子、一棵松树和一棵樱桃，并在有僧侣拜访他时将它们用作柴火。后来得知这位僧侣是幕府将军，他乔装打扮微服出访，而武士因无私而受到奖励。

沼泽橡木

这款复古沼泽橡木饰品盒的暗色调是被富含单宁酸的水染色的结果。

沼泽橡木，也称为沼泽木、黑木、墨塔（morta，音译）或阿博诺斯（abonos，音译），是长时间浸泡在泥炭沼泽中而形成的木材，厌氧和酸性条件可防止树木腐烂。沼泽里的水富含单宁酸，在数百年或数千年的时间里，单宁酸会使木材变黑变硬。尽管有共同的名字，沼泽橡木来自多种树种，但橡树、红豆杉和松树是最常见的。沼泽橡木用于雕刻和家具制作，可以卖到很高的价格。

2月14日

奈莉之树

英格兰

大约一个世纪前，一位来自英国西约克郡加福斯的年轻矿工维克·斯特德（Vic Stead），养成了定期散步的习惯，去附近的阿伯福德村探望他的心上人奈莉（Nellie）。他想通过嫁接三棵山毛榉树苗组成字母“N”来向她示爱。后来他们结为夫妇，而用于示爱的“奈莉之树”成为当地的地标。

2月15日

樱桃李

作为被人工培育李子的祖先，樱桃李在欧亚大陆西部野外以各种栽培形式生长。由于其多产的花朵，它被认为是一种观赏树或灌木，花期通常在冬末开始。花蜜的早期供应使樱桃李成为野生动物园栽种的热门选择。在2月温和的日子里，因为昆虫生活在其中，它经常会嗡嗡作响。樱桃李的果实颜色和甜度各不相同。

三棵树

伦勃朗（1643）

上图：你离得越近，就越能欣赏到伦勃朗非凡的蚀刻版画作品。

左上：奈莉之树在英国林地信托组织的竞赛中被评为2018年英国年度树。

左下：樱桃李壮丽初绽。

荷兰大师这幅高度细致的蚀刻版画所描绘的内容远不止眼前所见。三棵树占据主导地位，但仔细观察，您会发现右侧树木后面的道路上有马车经过，中间远处有成群的奶牛游荡，左侧有一个男人在钓鱼，而女人也在忙着。一位艺术家坐在树下的斜坡上写生，看起来就像一个小小的剪影。然而这些角色中有没有人注意到在前景中浓密的树荫下的浪漫约会呢？

“最伟大的成就最初并在某个阶段，只是一个梦想，
就像沉睡在现实中的橡树，就像等待破壳而出的鸟儿，
就像在灵魂最高的憧憬里醒来的蠢蠢欲动的天使。梦是现实的萌芽。”

詹姆斯·艾伦（James Allen），英国哲学家和励志先锋（1864—1912）

拉考·莫莫利

新西兰

上图：现在需要高科技扫描来保存查塔姆岛神秘的树上文字。

左图：与树交谈（未署名）。

查塔姆群岛（Rēkohu，毛利语）位于新西兰以东522英里（约840千米）处，常住人口仅约600人。在树木繁茂的地区，雕刻在卡拉卡树干上的形象被称为“拉考·莫莫利”（rakau momori），以人形和自然主义图案为特色。这个名字大致翻译为“木头上的记忆”。据推测，这些图像可能是作为纪念物或祖先的贡品而制作的，但没有一个尚在世的人确切地知道这些图像对于岛上的莫里奥里人意味着什么。大部分存在拉考·莫莫利的地区作为J. M. 巴克（J. M. Barker）国家历史保护区的一部分被保护起来，但由于树木的生命是有限的，许多雕刻已经消亡。为了保持其神秘性，人们用3D激光技术对许多残存的化石进行了扫描，留给子孙后代在未来几个世纪里思考它们的意义。

梅里奥尼德郡橡树林
威尔士雨林

威尔士雨林的无梗橡树，在威尔士被称为威尔士橡树，为数百种物种提供栖息地。

在历史悠久的英国北威尔士梅里奥尼德郡（现在是格温内斯郡的一部分），由于陡峭的坡度，这片林地没有被砍伐和过度放牧所破坏，让人们得以一睹这片林地曾经的翠绿风光。该地区每年的降水量超过1000毫米，水无处不在，如瀑布般倾泻而下，从树冠滴下，使空气变得雾气蒙蒙，渗入苔藓，滋润着树皮的缝隙。这片森林主要由无梗橡树（岩生栎）组成，正如它的学名所暗示的那样（petraea来自希腊语，意思是“居住在多岩石的地方”），非常适合在多岩石的栖息地生长，尽管几乎所有表面都被植被覆盖。这片林地以苔藓、地苔、地衣和蕨类植物的多样性而闻名，给人一种原始的、托尔金（英国文学家约翰·托尔金，《魔戒》作者）式的感觉。

森林之王

丹尼斯·沃特金斯-皮切福德（1975）

BB就读于英国皇家艺术学院，并总是为自己的书籍画插图。

《森林之王》的作者是英国博物学家、作品丰富的乡村作家丹尼斯·沃特金斯-皮切福德（Denys Watkins-Pitchford），他化名“BB”，讲述了1272年一个年轻猪倌种植的橡子长出一棵橡树的故事。这个故事将树的生命与来来去去的人们和野生动物的生命编织在一起，涉及英国到1944年9月为止的一大段历史。就像BB的所有书籍一样，《森林之王》的开头是这样的：

> “世界的奇迹
> 美貌与力量，事物的形状，
> 它们的颜色、灯光和阴影，
> 我看到的这些。
> 在生命持续的时候，你们也要看看。”

塔皮奥的桌子

芬兰

1894年芬兰史诗《卡勒瓦拉》中的插图。芬兰大约75%的土地面积被森林覆盖，这使其成为神话中森林居民的理想生活之地。

在芬兰创世神话中，最初以史诗的形式创作的是《卡勒瓦拉》（*the Kalevala*），其中，塔皮奥（Tapio）是一位森林之神，类似于绿人（见第85页），他披着苔藓，头戴毛皮帽，胡须是蓬松的地衣。他是熊之王，也是塔皮奥拉森林王国的国王。计划狩猎或带牲畜到他的森林里觅食的人，要在一个称作塔皮翁的桌子（Tapion pötya）或“塔皮奥的桌子”的仪式地点供奉祭品。塔皮奥的妻子是女神梅利凯（Mielikki），是森林小动物的治疗师和守护者。

苔藓大厅

美国

霍河雨林是美国最潮湿的地方。

华盛顿州奥林匹克国家公园的温带雨林每年的降水量约为3.9英尺（约1200毫米）。肥沃的土壤和充足的降水使树木（主要是针叶树，如锡特卡云杉、花旗松和西部红杉树）的根系不够粗壮，分布较浅，因此大型树木相对容易倒下。其结果是形成了一个个巨大的直立和枯木基质，每一个都有自己的附生植物和其他生命的生态系统。苔藓尤其多，每一处可供其生长的表面都覆盖着一层厚厚的鲜绿色苔藓。

安妮·弗兰克树
荷兰

“几乎每天早上我都会去阁楼吹扫我肺里的闷气，我最喜欢躺在地板上，仰望蓝天和光秃秃的栗树，在它的枝条上，小雨滴闪闪发光，被折射成银色……只要存在，我想我活下去就能看到它，这阳光，万里无云的天空，在这期间，我是快乐的。”

选自安妮·弗兰克的《安妮日记》

上图：安妮·弗兰克在她的故居写作，1942年他们被迫躲藏起来。

右图：阿姆斯特丹市中心那棵曾给安妮·弗兰克带来安慰的高大的栗子树已不复存在，但它的种子长成的树苗如今在世界各地为安妮留下了记忆。

安妮·弗兰克（Anne Frank）是一位年轻的德国–荷兰籍犹太女孩，她在第二次世界大战期间写的日记在她死后的1947年出版，受到了全世界的关注。这段文字摘录自1944年2月23日的日记，描述了安妮可以从她父亲位于阿姆斯特丹王子运河的办公大楼的密室中看到的一棵马栗树。在纳粹占领荷兰期间，安妮与她的家人以及其他四个人在这个密室里藏了两年。1945年2月或3月，她在贝尔森集中营去世，几周后集中营被解放。这棵安妮深爱的树成了她的代名词，遗憾的是马栗树在2010年8月23日的一场风暴中被刮倒了。

托尔帕德尔先烈者的树

英格兰

1836年的一幅生动的政治漫画显示，被赦免的先烈者们回家了，而“地主和他们的亲信”则被抓去接受惩罚。

大树下一直以来都是乡村居民的聚会场所。1833年在英国多塞特郡的托尔普德尔村，6名农场工人在一棵梧桐树下集会，这次集会的影响比以往任何时候都要深远。这6个人对自己越来越低的工资感到愤怒，他们成立了“农业劳动者友好协会”，这是工会的早期形式。协会成员拒绝从事每周工资低于10先令的工作。虽然这本身并不是犯罪，却激怒了当地的地主。1834年2月24日，该协会的6名创始人被逮捕。他们后来被起诉并根据一项晦涩、模糊的法律被定罪，该法律禁止秘密宣誓。他们被判决流放并在澳大利亚服刑7年。1836年，由于公众的强烈抗议和英国第一次政治游行，他们获得赦免，以英雄身份回到了家乡，受到人们的欢迎。最终这6人中有5人移民到了加拿大的安大略省。

软木森林

西班牙

从软木橡树的下部树干上剥下软木后，缺失部分重新生长出来大约需要10年的时间。

软木是一种来自软木橡树的海绵状的保护性形成层组织，原产于地中海地区。软木是一种可再生资源，可以从活着的树木中重复采集和可持续利用。从一棵树上收获一次，就可以生产大约4000个葡萄酒软木塞。诸如西班牙南部的这片软木橡树森林，虽然不能被描述为自然的、管理良好的森林，却是世界上最珍贵并具有生物物种多样性的栖息地之一。由于用合成材料制成的替代品成本低廉，替代了软木产品，特别是在酒瓶的塑料塞和金属螺帽被广泛使用后，软木产品处于濒临停产状态，其需求下降可能导致软木塞生产变得不景气——这是您下次购买葡萄酒时需要考虑的因素。

儿玉树
日本

日本名古屋热田神宫，一根绑着纸帘的注连绳（用秸秆编成的绳索）被系在树上。

在日本民间传说中，儿玉（日本地名，位于埼玉县内）树是森林精灵居住的树，也称为木灵。据说在山中可以听到森林精灵发出声音的回声。砍伐这样的树会给砍伐者带来诅咒或其他不幸，因此它们通常会被用神社或粗绳索标记出来，以防止不幸发生。

2月27日

云雾林

在热带地区的一定高度，空气冷却到一定程度，水蒸气开始凝结，会形成云或雾。云雾林内的凉爽、浸润、低光照条件导致这里的植物生长缓慢，而地面上的酸性条件导致泥炭土的堆积。因此，生长在这些地方的树木往往比那些低海拔地区的树木要小，而且经常被苔藓、蕨类植物和其他附生植物覆盖着。云雾林内非常潮湿——即使不下雨，叶子上凝结的水也会产生一种叫作雾滴的内部降水。

哥斯达黎加蒙特韦尔德周围的大部分原始云雾林于1972年受到保护，成为世界上首批生态旅游目的地之一。

北山台杉

日本

这棵壮观的台杉树生长在北山宗莲寺宁静的土地上。

日本台杉（意为“平台树”）的造林实践是在500多年前通过截去树梢的方式发展起来的，是一种可持续的种植和收获木材的方式。从成熟的雪松上砍下来的树干可以重新生长，木材非常笔直、柔韧、坚固，因此非常适合在台风和地震多发地区当作建筑材料使用。被称为塔鲁基（taruki，たるき，意为椽子）的树干，与传统茶馆的屋顶风格有着很大的关联。京都是台杉的故乡——这项技术始于那里，是一种保护现有森林的方法。京都也是这个最著名的“树上种树”的例子所在地，台杉生长在该市的北山地区。

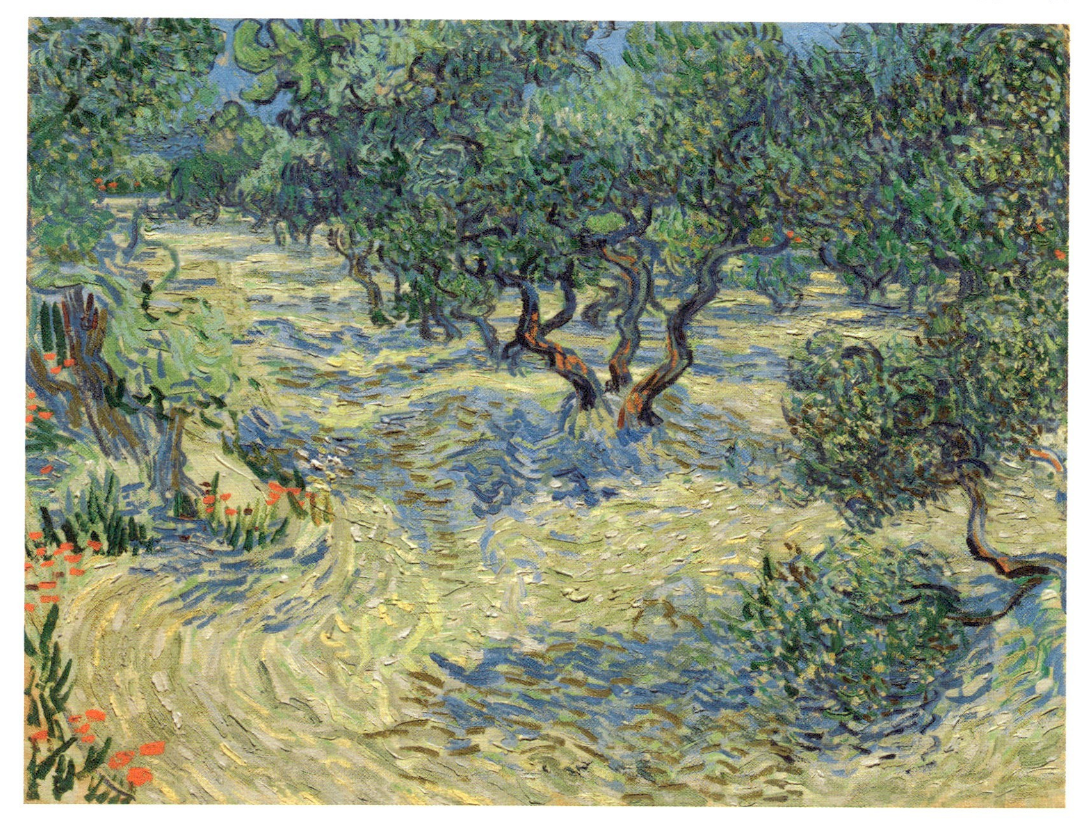

橄榄树

文森特·梵·高（Vincent van Gogh，1889）

文森特·梵·高一次又一次地回到圣雷米普罗旺斯周围的橄榄园。他于1889年6月画了这幅画，同月他创作了《星夜》。

欧洲橄榄树可能是地中海文化中最具标志性的树木，其栽培历史至少有7000年。它的主要用途是生产用于烹饪、仪式和调理的油，这种用途非常古老和普遍，以至于“油”这个词就是来源于它的希腊名字“olea”。它也是一种珍贵的木材，它的树枝几千年来一直被作为胜利与和平的象征。这幅画是梵·高众多关于橄榄树的画作中的一幅，画作管理员最近在厚厚的颜料中意外地发现了蚱蜢的遗骸。这只昆虫大概是在梵·高工作时跳上画布的。

圣火或菩提树

菩提榕

一幅匿名的18世纪藏传佛教画作描绘了永恒生命的佛陀阿弥陀佛在他的极乐世界，也被称为西方净土。

几千年来，这种具有长寿特性的物种在印度教、耆那教和佛教中具有特殊的意义（另见第303和341页）。它被认为是世界之树的一种形式，是众神的家园，在神圣的印度教文本《薄伽梵歌》（*Bhagavad Gita*）中也有提及，在那里，主奎师那（Lord Krishna）宣布："在所有的树中，我是菩提树。"印度教和耆那教的苦行僧通常会在一棵神圣的菩提树下进行苦行冥想，要么坐着，要么绕着菩提树踱步。在冥想结束时，乔达摩·悉达多（Siddhartha Gautama）被"唤醒"，成为佛陀。在生活中，可通过菩提树的心形叶子和细长的"水滴尖"辨别此树。

欧甘文字树
威尔士和爱尔兰

在新异教中，在适合的树种的树枝上雕刻欧甘文字，被用作占卜工具。

欧甘文字是一种古老的书写形式，主要来源于中世纪早期的石碑上的铭文（通常是名字），主要分布在爱尔兰和威尔士。字母表的起源至少可以追溯到公元4世纪，甚至更早，而后一直使用到10世纪。文字由20个字母组成，这些字母的名字来源于当地的树种，从桦树到紫杉。

米德兰橡树
英格兰

1909年的米德兰橡树。

位于英国沃里克郡利明顿温泉的米德兰橡树，生长于长期以来被誉为英格兰地理中心的地方。现在看到的树是一个替代品，据说是原始树的直系后代。事实上，人们对于英格兰地理中心的位置存在着激烈的争议——地理中心还有其他地方（每个都引用了不同的计算方法），如考文垂附近的梅里登、德比郡的莫顿和莱斯特郡的林德利霍尔农场。

弗吉尼亚金缕梅

北美金缕梅

金缕梅在一年中最冷的时候开花，享有超越自然的声誉和美国“冬花”的美誉。

这种原产于北美的金缕梅是五种金缕梅中的一种。金缕梅是一种小的灌木林地树，在秋季和冬季开花，其他季节树枝是光秃秃的。看起来有些散乱的花朵是黄色渐变到红色的，气味浓郁，花瓣长而窄。美洲原住民广泛使用煮沸嫩芽和茎制成的汤剂治病，这种做法很快也被定居者采用。金缕梅水和软膏因其收敛性、舒缓性而被广泛用于治疗皮疹、痔疮和在女性产后使用。这个常用名字的起源与女巫没有任何关系，而是来自古英语单词wice，意思是“灵活的”。

罗特树或锡德树

南欧朴树被称为欧洲荨麻树、地中海朴树、罗特树或蜜莓。上图来自爱德华·莫伯特（Edouard Maubert）的植物插图。

在伊斯兰教中，罗特树或锡德树是生命延续的象征。它出现在《古兰经》中，无论是在地球上还是在天堂里都有它，它标志着七重天和最高天堂的界限——所有创造物中最后的生物。作为一棵地球上的树，它通常与一种枣属植物——枣莲或叙利亚枣有关，这两种植物在其他宗教和文化中也有广泛的神话传说（见第301页和第88页），或者与地中海朴树——南欧朴树有关。

樱花

乔·斯蒂芬（Jo Stephen，2018）

日本民众充满对樱花怒放的热爱（另见第72页）。

乔·斯蒂芬是一位英国摄影艺术家，她使用创造性的处理技术来揭示在与自然联系的时刻所感受到的一些魔力。关于樱花，她说：“像我的大多数作品一样，这张照片不是在日本拍摄的，而拍摄的是我家乡周围的风景，我家乡位于北多塞特郡。我践行的理念是发展我与周围自然的联系和亲缘关系，并尽可能地降低我的碳足迹。迎接第一朵娇嫩而富有弹性的春花，总是人们热切期待的时刻，这意味着白昼变长，阳光又回来了。”

赏花
日本

在东京及日本其他城市，樱花的美丽及短暂的花期，吸引了大量的人群来到林荫大道和公园赏花。

赏花是日本各地的一项有着数百年历史的春季传统，樱花或樱花树会上演一场短暂而极其美丽的表演。在最南端的冲绳县，最早的樱花于2月绽放，随着季节的推移，庆祝活动逐渐北移，白天和晚上都可观赏。人们在公园里举行宴会和野餐，彩灯在花丛中闪烁。

褪色柳

黄华柳

被花粉覆盖的柳树雄性柔荑花序标志着早春的到来。

这种典型的小灌木，也被称为山羊柳或大黄柳，和其他柳树一样喜欢潮湿和水边的地方。在冬末时分，雄树长出柔荑花序，上面覆盖着最柔软的灰色绒毛——就像小猫或小兔子的爪子一样。当这些“小猫状花序”张开时，它们会长出黄色的雄蕊，并将花粉抛向空气中，给雌树更长、更绿的柔荑花序受精。雄性和雌性树木都在叶落之前产生柔荑花序，允许花粉自由通过。开花的树枝经常被剪下来带到室内，可以晒干和展示多年。

奇幻森林

罗伯特·霍尔斯托克（Robert Holdstock，1984）

橡树林中树木杂乱而生，形成曚昽的灰绿色。（奇幻森林）

在罗伯特·霍尔斯托克广受好评的奇幻小说系列中，一个古老的英国林地包含了一个平行的宇宙，其中居住着神话人物和生物，这些神话人物和生物源于附近居民的想象，极具萨满教、英国及凯尔特民间传说特征的元素。森林中的空间和时间大不相同，那些被吸引到里面的人，包括关系疏远的兄弟和决心解开这个地方奥秘的执着的科学家，都会经历可怕的考验。坐落于森林的中心的拉文迪斯（Lavondyss），是最古老、最黑暗、最神奇的王国。其中一个情节写道：第二本书的女主人公塔利斯就像森林里的树木和木头一样度过了许多艰苦的日子，后来才回归到了她在外面原本的生活。

咖啡树

阿拉比卡咖啡树

“咖啡豆”实际上是一种小而肉质饱满的樱桃状果实，也就是所谓的核果。

早在12世纪，阿拉伯或山地咖啡树所结果实是第一个被种植的咖啡豆品种。阿拉伯学者注意到咖啡可以影响他们的注意力和形成长时间工作的能力。

咖啡树的特点是长有光泽的深绿色叶子和白色花朵，近距离观察就会发现它与床草科植物有联系。目前，咖啡豆在中美洲和南美洲、中非和东非、印度次大陆、东南亚和印度尼西亚广泛种植，咖啡豆是发展中国家的第二大出口产品。

3月11日

弗里敦的木棉树

塞拉利昂

又能有多少城市会如此珍惜一棵树，让它在剧烈的城市化进程中存活了两个多世纪？为你喝彩，弗里敦。

1792年3月11日，一群曾经被奴役的非裔美国人建立了弗里敦，现在是塞拉利昂的首都。他们在美国独立战争期间因效忠英国军队而获释。1787年回到非洲土地后，据说这群人在靠近海岸的一棵大木棉树（爪哇木棉）下举行了感恩仪式。这棵树现在被认为已经有500多年的历史了，它成了自由的象征，并见证了它周围城市的发展。

嫁接

两棵紧密生长着的树的茎形成了亲密的亲吻接触。

嫁接一词来自拉丁语“osculare”，意思是“亲吻”，是一种自然现象，是同一棵或不同树的两根茎或两根树枝紧密生长在一起以致最终融合的结果。树木栽培学家有时使用有关技术强制嫁接。

“树是美丽的，但更重要的是，它有生存的权利；

就像水、太阳和星星一样，它是必不可少的。

没有树木，地球上的生命是不可想象的。”

俄罗斯作家和剧作家安东·契诃夫（Anton Chekhov，1860—1904）

春天的果园

伊西多尔·韦黑登（Isidore Verheyden，1897）

上图：传统的果园不使用杀虫剂，对牲畜来说是安全的地方。因此，一个果园可能不仅出产水果，而且还出产干草、蜂蜜、肉、蛋和奶制品。

左图：插图由A.F.莱登创作（1865）。

传统管理的苹果园是各种野生动物的潜在避风港。苹果的价值不仅在于它能在春天开花，还在于它能带来意外收获的果实。和许多果树一样，苹果在相对年轻的时候（几十年而不是几百年）就会出现所谓的“老树”特征，比如腐烂洞和空洞。这些特征对于以枯木为食的昆虫，以及以这些昆虫为食的鸟类、蝙蝠和其他哺乳动物来说，都是极其宝贵的资源。在这里“传统管理”这个词是至关重要的：如果一个喷洒了混合农药的果园，并且通过无情且高效的机械化手段收割，那么它就会和其他任何密集开发的景观一样，成为一个野生动物荒漠。

3月15日

黑刺李

黑刺李是李子科的一员，作为树篱植物被广泛使用，因为它在修剪时生长得密集，并且长出长而锋利的刺，这使它成为一种有效的砧木（嫁接繁殖时承受接穗的植株）屏障。这是在春天开得最早的花之一，在3月，整个树篱都变白了，就像一堆晚雪。这种又小又酸的水果叫作黑刺李，长得像大号的蓝莓，用来给红宝石色的利口酒——黑杜松子酒调味。

3月16日

树木子

日本

在日本的民间传说中，妖怪树是一类恶作剧或邪恶的超自然生物，它们的形式多样，有时乍一看像是普通人、动物或植物。树木子是一种妖怪树，通常是在战场上，在正常树木生长的土壤中浸泡人血，就可以培育出树木子。就这样，树失去了它的纯真，它渴望更多的人血，它会诱捕粗心的路人，刺穿他们并通过空心的树枝吸血。

无柄橡树、爱尔兰橡树或无梗花栎

岩生栎

上图：无柄橡树能很好地适应薄土，将根伸入下层基岩的缝隙中。

左上：3月，花雪装点着黑刺李树篱。

左下：插图来自乌山石燕的《画图百鬼夜行》。

爱尔兰的国树实际上生长在整个欧洲，并传入小亚细亚和伊朗。它通常是树林中最高的阔叶树之一，有时高达40米。它的橡子没有茎，紧紧地簇拥在树枝上。这种植物学名为彼得雷乌斯（petraea，意为生于岩石），它能够茁壮成长，长出岩石地面，它通常比它的近亲——普通的英国栎生长在更高和更暴露的地方。威尔士的蓬法多格（Pontfadog）橡树是一棵无柄橡树，它被认为是英国最古老的橡树，在经过了大约1200年后，于2013年倒下。

木兰
木兰属植物

盛开的白玉兰花非常壮观，花朵通常呈粉红色和白色。

木兰属植物是一大群古老的乔木和灌木，是最早的昆虫授粉开花植物之一。它们的进化比蜜蜂早，所以早期物种很可能是由甲虫授粉的。它们的花朵精美，但也异常坚韧，有着结实的花被片（未分化的花瓣和萼片）。它们通常在一年中很早就开花，在叶子生长之前——这一特点使它们成为受欢迎的观赏植物。这些花在许多文化中象征着韧性，朝鲜、中国上海、美国休斯敦及路易斯安那州和密西西比州都把木兰的不同物种作为城市的象征。

树脂

树脂从樱桃树枝上的切口渗出，经过数小时或数天的时间，形成一种经久耐用的琥珀漆。

树脂是一种以液体形式储存在植物的外层细胞中的物质，储存在树皮的活层中并在受到伤害时渗出。在与空气接触时，它们会形成硬漆，从而起到密封和愈合的作用，相当于脊椎动物的结痂过程。有些树脂有强烈的香味，许多具有很强的黏性。琥珀、松节油、香脂、乳香和没药（具有散瘀定痛，消肿生肌功效的药物），以及用来调味希腊红葡萄酒的黏稠松香乳香均来自树脂。

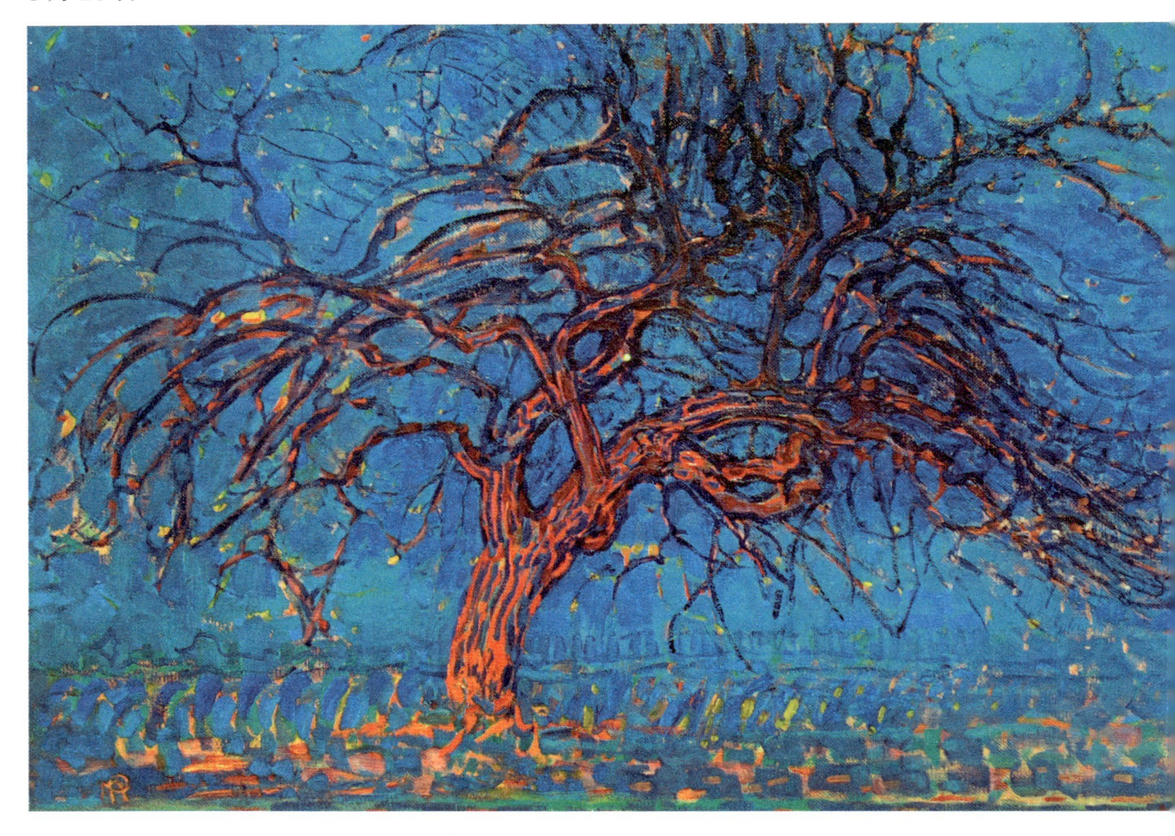

黄昏（晚上）：红树

皮特·蒙德里安（Piet Mondrian，1909年版）

画作《黄昏：红树》没有了明显的绿色，这暗示了蒙德里安对原色的兴趣。

荷兰现代艺术家皮特·蒙德里安最著名的作品是用鲜亮的红、蓝、黄三原色绘制的几何画，但在他职业生涯的早期，他专注于更自然的主题。《黄昏：红树》的主题是一棵苹果树，它生长在玛丽·塔克·范·普尔特弗利特（Marie Tak van Poortvliet）和雅克巴·范·海姆斯凯克（Jacoba van Heemskerck）的花园中，该花园位于荷兰西兰海岸的栋堡（Domburg）艺术社区内的花园里。著名的艺术收藏家塔克在1910年买下了这幅作品，现在它挂在海牙的艺术博物馆里。

绿人

绿人的迭代如今出现在流行文化中，以及原始的、精神层面的情景中。

“绿人”的形象已经为人熟知，也很古老，但“绿人”这个词相对较新。1939年，民俗学家朱莉娅·拉格兰（Julia Raglan）女士创造了这个词，用来描述英国教堂的木雕和石雕中那些头戴着叶子花环或喷涌枝叶的雕像。现在“绿人”这个词在更广泛的意义上用来形容各种各样的男性自然神灵、森林精灵、生育神和可能与文化相关的神话英雄，包括挪威欧丁神、古埃及奥西里斯、希腊酒神狄俄尼索斯、凯尔特人勒德、猎人赫恩、绿色杰克、圣诞老人和罗宾·汉。

比亚贝罗 · 迪 · 卡索佐（卡索佐双生树）

意大利

上图：当附生的樱桃树在春天开花时，卡索佐嵌合体（卡索佐双生树）尤其引人注目。

右上：在婆罗洲（加里曼丹岛）的沙巴州，一缕缕的森林云雾笼罩着原始雨林。

右下：瓶形树把水储存在茎干里。

一棵树在另一棵树上附生并不引人瞩目（种子通常被鸟类的脚或粪便储存、运输至大树的缝隙里）。不同寻常的是，这些附生植物能够长得和它的宿主一样大而不被杀死。在意大利皮埃蒙特的卡索佐村和格拉纳村之间，一棵樱桃树栖息在一棵桑树上，这棵樱桃树的根系很可能向下延伸穿过更老的桑树树干并延伸到地下。这种多叶嵌合体的双侧对称性和长寿性为其赢得了“名人树”的美誉，并且在春天樱桃花盛开时特别吸引人。

3月23日

森林云

在气温足够高的地方，森林可以产生自己的云。水蒸气是由雨水的蒸发、在叶片表面凝结的水分蒸发和从叶片气孔中释放的水分的蒸腾产生的。这些潮湿树木的呼吸被称为森林云。

3月24日

瓶形树或沙漠玫瑰

索科特拉岛的沙漠玫瑰亚种

这些树看起来大腹便便，并且戴着奇怪的头饰。

索科特拉岛的瓶形树的枝干上开满了鲜艳的粉红色花朵，这可能是“苏斯博士的创意”。这个物种肿胀的树干和稀疏的、蜡质的叶子是为了适应在非洲和阿拉伯半岛的石质沙漠中的生活。小瓶树有时作为盆栽植物生长，但它们的魅力只有在野生环境中才能充分体现。

基督刺枣

基督刺枣的根深深扎入土地，这使得它特别抗旱，有时种植它用以稳定干旱地区的砂质土壤。

基督刺枣主要分布在中东，延伸到东非和南亚，常见于干旱地区，因其叶子和果实的营养和药用特性而受到高度重视。它也被认为是用来制造荆棘冠冕的物种，耶稣基督受难时头戴的冠冕也许就是用它制作的。据称，那棵制作皇冠的巨大而古老的树生长在以色列中部艾因哈兹瓦，而且它已经足够老了。

埃米尔・宾（Émile Bin）的《树神》（1870）

树精
古希腊

在希腊神话中，树精是与橡树相关的变形女性精灵。在后来的用法中，这个词被合称一系列与森林有关的仙女，如达芙妮（月桂女神）、莫利亚（白蜡树女神）和厄皮黑利得斯（果树女神），也指树神，她们的区别在于是否永久地体现在一棵特定的树上——据说树神的生命与这棵树的生命紧密相连，如果树被砍倒，她就会死去。

瓦纳卡的孤独树
新西兰

柳树环绕着瓦纳卡湖的大部分海岸线生长，但只有一棵生长在湖中。

这棵树坐落在风景如画的瓦纳卡湖畔，背景是新西兰引人注目的南阿尔卑斯山脉，难怪这棵孤独而又容易接近的柳树会在Instagram上引起轰动。它没有官方名称，但在社交媒体上经常被标记为“#瓦纳卡树”。

超越一切

热带雨林中树木的树冠通常支撑着密集的附生苔藓、蕨类植物和凤梨科植物群落。

雨林的栖息地是按高度分层的。从土壤和地面覆盖层往上看，每一层都有自己的生态系统以及专门的其他生命群落。位于最上层的是露生层——通常包括高度接近或超过164英尺（约50米）的树。这些高大的树相对来说比较稀少，因为在它们被其他树木遮蔽之前长到如此高大实在是一个严峻的挑战。这些高大的树虽然可以不受限制地沐浴着阳光，但总是被附生植物覆盖着。它们也面临着强风和高温，但为鸟类、哺乳动物，甚至是敢于冒险的森林生态学家提供了宝贵的栖息地和瞭望点，可以供其清晰地观赏到数千米外的景色。

伊拉格尼的农舍

卡米尔·毕沙罗（Camille Pissarro，1884）

乡下人的生活和家庭是毕沙罗毕生的灵感来源。

法国印象派和新印象派画家卡米尔·毕沙罗的作品主题广泛，但他偏爱法国乡村主题。在他的印象派绘画阶段，他坚持认为自然场景应该同时且整体地绘制，在理想情况下将天空、水、树枝，一次性画完，让一切都在平等的基础上进行。

毕沙罗后来又用新印象派、点彩派的风格画出了同样的场景，在这幅画中，树木和树篱失去了许多不羁的活力。

弗里亚尔峭壁
英格兰

从弗里亚尔峭壁可以看到树木，但由于山上的绵羊的啃食，周围的森林已经消失殆尽了。

英格兰湖区最具标志性的景色之一是从凯西维克（Keswick，英国的古老市镇）附近的德文特湖（Derwent Water）的岸边向卡特贝尔（Catbells）长而多节的小山望去，前景是低矮的弗里亚尔峭壁，那里有苏格兰松树林。从峭壁上俯瞰湖面朝向博罗代尔峡谷的景色也被同样的树木所环绕。这里的风光激发了画家约瑟夫・特纳（Joseph Turner）、诗人罗伯特・骚塞（Robert Southey）和作家兼评论家约翰・拉斯金（John Ruskin）等人的灵感，他们把这里描述为欧洲最美丽的地方之一。

博克斯

黄杨属植物

与英国风景画家乔治·兰伯特（George Lambert）的画作《萨里郡博克斯山，与多尔金在远方》（1733）相比较，虽然从博克斯山的风景中看到的树木更少，道路和建筑更多，山体本身的结构和生态几乎没有改变。

作为欧洲、北非和西亚温带，以及地中海地区的一种生长紧密的常绿乔木，黄杨树很少超过32.8英尺（约10米）高。它们密集的阵列、小而均匀的树叶意味着它们通常被作为观赏树篱种植、修剪，这个物种的名字来源于博克斯山（Box Hill），它是英国萨里郡北部丘陵地区的一个著名景点，在那里黄杨树和紫杉（红豆杉）混在一起，在陡峭的白垩山坡上形成了一片常绿的林地，由于过于陡峭而无法放牧。

香蕉

小果野芭蕉

香蕉在收割和运输时还未成熟，通常的运输方式是海运，香蕉到达目的地后在专门的仓库中成熟。

恭喜你，你已经在人群中找到了“小丑”。香蕉（也被称为大蕉）是一种小型但多样化的单子叶植物的细长浆果，属于姜目科。尽管人们经常称呼香蕉生长的植物为香蕉树，并认为香蕉树是一种棕榈树，但其实它不是棕榈树，甚至严格来说也不是树，因为它们的“树干”实际上是由压缩叶基形成的非木质假茎。“香蕉”这个词有一个阿拉伯语词根，意思是“手指”。在高产品种中，一个典型的花茎周围生长着200多个单果，其重量可达110磅（约50千克）或更多。通常以几到十几个单果为一批出售，在业内被称为“把”。

宇宙树

此图由奥鲁夫·奥卢夫森·巴格（Oluf Olufsen Bagge）创作，出现在19世纪的《北方古物》（*Northern Antiquities*）中。《北方古物》是《埃达》（*Edda*）的精选译本，首次出版于1770年。

有关世界之树的全球神话中最著名的一个是宇宙树，它连接着北欧神话中的九个世界。在古老的叙述中（最古老的书面记载是作者不详的诗歌，统称为诗性埃达），宇宙树是一棵巨大的常绿白蜡树，它的枝干长在天上，根长在地下世界的泉水和水井里，连接着整个宇宙。神话里的生物住在树上，众神有时会做一些混乱的事情。世界树的图像之所以广受欢迎，部分原因要归功于对传奇故事的现代、大手笔的改编。

普利茅斯梨

梨属植物

普利茅斯梨出现在英国于2009年发行的一套邮票上，这在一定程度上引起了人们对濒危物种的关注。

这种罕见的树出现在法国、西班牙、葡萄牙和英国的部分地区，在英国普利茅斯地区仅有少数样本可以仔细观察。人们路过时，它的花散发出恶臭气味——人们把这种味道比作腐烂的虾或湿地毯，这种味道反而增加了它的名气。其果实生长在长长的茎上，小而硬，但在成熟时会变软，并带有梨的味道。这一物种是唯一一种受英国1981年《野生动物和乡村法》特别保护的树种，由于其极度稀有且易与其他同类区分，英国标本的种子被保存在英国皇家植物园的千年种子银行，以防止本地物种灭绝。

橡树

凯瑞·阿克罗伊德（Carry Akroyd，2012）

《橡树》捕捉到了新橡树树叶独特的暗黄色，这种颜色在被绿色淹没之前只保留了短短数日。

许多人通过浏览数十本有关自然写作的书籍封面，熟悉了画家凯瑞·阿克罗伊德的作品。但与凯瑞关系最密切的语言大师是19世纪的“农民诗人”约翰·克莱尔（John Clare），他们的家乡同属英国北安普敦郡。克莱尔的作品表现了一种对自然的热爱和理解，常常充满了忧郁，他的作品创作于人们因农村人口减少和圈地运动而失去与土地联系的时代。凯瑞在她的农业场景研究中探索了类似的主题。《橡树》是对克莱尔时代的一个见证，它矗立在两个时代之间的风景中，却几乎没有什么变化。如果克莱尔发现这一点，他一定会很高兴，也许又会有点吃惊。

欧洲黑杨

黑杨（杨柳科杨属植物）

黑杨树的雄柔荑花序在早春带来了一抹引人注目的色彩。

欧洲黑杨树喜欢潮湿的地方，通常在低洼的地方生长。它的名字源于它深色的树皮和几乎是三角形的叶子。雄柔荑花序和雌柔荑花序分别生长在不同的树上，分别像红色和黄色的手指，从雌柔荑花序中长出的种子被风吹在白色的绒毛上。黑杨树因其浅色木材而被广泛种植，这种木材具有天然的防火性，因而经常被用来制成地板。小一点的枝干可以做成有用的木杆、木钉和编织材料。然而，在野生状态下，这一物种现在是英国最稀有的本土树种之一，大多数个体现在生长在孤立的地方，不太可能与其他同类授粉。

石化森林
美国

大约2.25亿年前，在泛大陆的赤道东部地区森林茂密，河流众多。这些森林主要是针叶林，由3种早已灭绝的物种主导。树木有时会掉进河里，顺流而下——大量的木头淤积起来，被埋在沉积物中，氧气被隔绝在外面避免了腐烂。水中携带的二氧化硅逐渐沉淀在木质组织中，形成矿物石英。这样，树木就被石化了，它们就这样留下来了——有成千上万棵。该地区现在是美国亚利桑那州的一部分，因大量倒下的树木化石而被命名为石化森林国家公园。在一些化石标本中，石化树木保存得如此之好，以至于在显微镜下仍然可以看到原始木材的细胞结构。

古老树干的化石残骸，散落在现在美国亚利桑那州石化森林国家公园的大片区域。

富岳三十六景

葛饰北斋（1830—1832）

葛饰北斋喜欢在他的作品中融入文化和自然的元素。他描绘了庆祝春天赏花的传统，即花见（见第72页）。

日本著名的版画画家葛饰北斋（Katsushika Hokusai，1760—1849）在他漫长的职业生涯中创作了3万多幅绘画和版画，最著名的是他在70多岁时创作的一组图像，描绘了富士山附近四季景色及人们的陆地和海洋生活。最初的系列有36幅，这些作品非常受欢迎，随后北斋又推出了10幅，其中第一幅描绘的是在品川海港附近的一座小山上盛开的樱花树。

树瘤木

树瘤木是一种畸变，是由于树木的正常生长受到干扰而引起的。

树瘤是树木生长过程中出现的异常突起，通常位于树的下部，可能是由于物理损伤造成的，如破损、切口、虫害、真菌或其他病原体感染。在树瘤的内部，有序形成的年轮被扭曲，产生了令人着迷的“旋涡”，这是工匠高度珍视的木材。

茶
山茶属茶树

印度喀拉拉邦的一个茶园。整齐的一排排的茶树是手工打理修剪的。

茶树原产于缅甸北部和中国云南省，如今在世界各地的热带和亚热带地区都有种植。高地地区的茶叶更受青睐，因为那里生长缓慢，风味也更浓郁。大多数植物被修剪到5英尺（约1.5米）以下，这样每两到三周就可以很容易地收获新鲜的嫩叶——值得注意的是，这个选择过程是手工完成的。

安提比斯的清晨

克劳德·莫奈（Claude Monet，1888）

1888年，莫奈在安提比斯画了几十幅风景画，他称：“我从这里带回的将是芬芳，白色、粉色和蓝色，都笼罩在神奇的空气中。”

尽管这幅画的名字叫安提比斯，但在海滨城市安提比斯（法国西南滨海小城）显然没有画中地中海的明亮光线和前景中那么突出的树木。像其他印象派画家一样，莫奈喜欢玩弄色彩——我们被愚弄了，接受了橙色和黄色作为树叶的主色调，事实上我们知道树叶应该是灰绿色的。

墙树

像樱桃这样的果树可以在寒冷的气候中以墙树形式靠南墙生长，结出果实。

墙树是一种已经被栽种成一定规则的树，呈现二维生长形式，通常靠在格子或墙上。这是考虑到美学和实践两方面的原因。一棵果树靠墙生长而成为墙树，其树枝不会被其他树遮挡。墙树还可以得益于花园墙的遮蔽和余热，使水果成熟更快，避免在极端气候下结霜。从园丁的角度来看，额外的好处是，这棵树比独立的树占用更少的空间，而且果实更容易采摘。

多纳尔橡树被砍伐
德国

1919年的一幅蚀刻画。画中描绘了当地人在博尼法修斯（博尼法斯的拉丁名字）砍伐了他们神圣的橡树后屈服了。

异教在中世纪早期的北欧依然存在，这使罗马天主教会大为懊恼。盎格鲁–撒克逊主教博尼法斯（出生在英国德文郡克雷顿的温弗雷德）花了近40年的时间使德国的各个地区皈依基督教。在一次任务中，他和他的随从们用斧头砍倒了一棵供奉多纳尔的大橡树，多纳尔是挪威的雷神。据说在树被完全砍断之前，一阵大风吹倒了树干，工作完成了。这被解释为神圣的旨意，博尼法斯便轻而易举地说服了民众。这棵橡树的木材后来被用来建造教堂，献给圣彼得。

布莱顿树

英格兰

从城市街道和公园的成千上万的树木中，我们可以瞥见布莱顿英皇阁（Royal Pavilion）北门的铜绿洋葱状圆顶，它看起来很有异国情调。

1777年，日志记录者塞缪尔·约翰逊博士（Dr Samuel Johnson）访问英国海滨城镇布莱顿时，他绝望地记述这里树木缺乏的情景："这个地方真的很荒凉，如果一个人迫于无奈而不得不上吊自杀，都很难找到一棵可以系绳子的树。"这些话似乎刺痛了当地政府，政府采取了行动并开始了一项植树计划，植树行动一直持续到今天，布莱顿因此成为英国最充满绿色的城市之一。

玛士撒拉

美国

这棵曾经是世界上已知年龄中最古老的非克隆树，它的身份和位置是严格保密的。

传统的计算树木年龄的方法是计算完整树干的年轮。在无性系物种中，新树干从古老的根系中发芽，而对紫杉这样的植物，树干经常腐烂，这样的繁殖方法就变得不可能了。然而，大盆地狐尾松（刺果松）可以做到这一点，这是一种非常长寿的非克隆物种，生长缓慢，能够在美国加利福尼亚州、内华达州和犹他州的干燥、恶劣的高海拔栖息地生存。一棵生活在受保护的秘密地点的树木，被称作玛士撒拉，根据1957年从它的树干中提取的样本，它被准确地确定为4789岁，到2022年就达到4854岁了。2013年前，它是已知年龄中最古老的非克隆树，另一棵被称为普罗米修斯的狐尾松在1964年被砍倒，以便清点其年轮。它比当时的玛士撒拉要老47岁，这有力地表明该地区可能存在其他更古老的树木。

格拉斯顿伯里圣刺

英格兰

格拉斯顿伯里圣刺（荆棘）据说是从亚利马太的约瑟夫的手杖上长出来的。

这种不同寻常的山楂品种（“双花”单子山楂）每年开两次花，分别在复活节和圣诞节前后绽放。位于英国萨默塞特郡格拉斯顿伯里村附近的怀雷阿山（Wearyall Hill）上，据说亚利马太的约瑟夫（Joseph of Arimathea，圣经人物）的手杖发芽后长出来的，被归功于诸如耶稣的叔叔等人物。圣刺（荆棘）在格拉斯顿伯里和其他地方随处可见，它是通过插枝嫁接到黑刺李的茎上生长的，以保持其特殊的开花特性，而这种特性在从种子自然生长的样本中不能稳定地表现出来。

埃尔德拉戈（千年龙树）

（西班牙）特纳利夫

千年龙树如今生长在属于它的公园内，位于西班牙特纳利夫岛的伊科德洛斯维诺斯（Icod de los Vinos），此前为保护它曾经让一条道路改道。

这棵千年龙树是龙血树这个物种中最大的，也可能是最古老的。它既是国家纪念碑，也是西班牙特纳利夫岛的象征。千年龙树被广泛认为大约有1000年的历史，但更保守的估计是不到400年。它的高度超过66英尺（约20米），底部的周长与高度差不多，当它结出果实时，它的重量至少会增加3吨。树干上有一个巨大的洞，曾经被错误地用石头和水泥加固，现在被清理掉了，里面有一个“排气风扇”，帮助保持树干干燥，阻止真菌的生长。

海阵（沙洲1）
英格兰

4000多年前，古人在低洼的沼泽地上建造了一座木头纪念碑，它向人们提示了一些关于古代人类社会的有趣问题。

1998年，在英国诺福克海滨小镇霍尔姆附近，业余蜘蛛学家约翰·洛里默（John Lorimer）在退潮时散步，注意到一棵树桩从海滩上露出来。这个树桩离他最近发现的青铜时代斧头的位置很近。他继续观察监测这个树桩，随着潮水冲走更多的沉积物，他发现多个裂开的原木组成一个圆圈，该圈直径23英尺（约7米），其中有一个狭窄的入口，刚好够一个人进入。在这个精心划分的空间的中心，一棵大橡树的树桩倒放着。所有的一切都表明这是一个具有仪式意义的地方，

而年代测定表明，该结构建于公元前2049年春天，当时这里还是一片盐沼。沼泽被淡水淹没，泥炭的堆积创造了厌氧环境，防止了木材腐烂和被洪水淹没，经过一系列的自然变化，这些木材得以保存下来。一旦暴露在空气中，这些古老的木材就开始迅速恶化，人们迅速决定将其挖掘并取出保存。现在，人们可以在英国金斯林（诺福克郡的港口城市）的林恩博物馆（Lynn Museum）看到它。

天空之树

匈牙利

来自匈牙利的邮票，描绘了埃尔兹贝特·塞凯赖什（Erzsebet Szekeres）创作的天空之树挂毯。

在匈牙利有关塔尔托斯（Táltos）的民间传说中，有一棵没有顶部的树，被称为生命之树、世界之树或天空之树。该树将地域、人间与天空的7或9层连接起来，只有像萨满巫师一样的塔尔托斯（在匈牙利从事魔法活动的精神武士）是唯一被允许攀登并体验在树枝上观看奇观的人，奇观包括太阳、月亮和非凡的雄鹰图鲁尔（匈牙利文化中展翅飞翔的神鸟），这只神话中的巨大雄鹰是匈牙利的国家象征。

普雷斯顿公园榆树

英格兰

普雷斯顿公园的双胞胎树，之后其中一棵因染病被砍伐。

英国布莱顿市以其树木而自豪，最重要的莫过于生长在普雷斯顿公园的一棵古老的英国榆树（榆属的寻常小变种），这是一对被称为普雷斯顿双胞胎的非凡树种中的其中一棵，在几十年中它战胜了荷兰榆树病。可悲的是，双胞胎树中的另一棵最终还是不幸染病，不得不在2019年被砍倒。双胞胎树是在17世纪初种植的，这使得幸存的那棵树成为世界上这个树种中最古老的树。布莱顿也是英国国家榆树收藏的所在地，在其街道和休闲区种植了1.7万棵不同品种的榆树。

“我们一起旅行银河系，树木和人类。”

博物学家和环保主义者约翰·缪尔（John Muir，1838—1914）

挖掘树

澳大利亚

位于墨尔本的纪念伯克和威尔斯的纪念碑上，一块青铜面板展示了挖掘树旁的探险者。

1861年，由罗伯特·伯克（Robert Burke）、威廉·威尔斯（William Wills）、查尔斯·格雷（Charles Grey）和约翰·金（John King）组成的四人探险队，完成了欧洲人首次由南向北穿越澳大利亚的任务。然而，探险队未能及时返回位于昆士兰东南部库柏溪的中途补给营地，这次探险以悲剧告终。由威廉·布拉赫（William Brahe）领导的露营队，比指示的时间多等了一个月，但在4月21日，他们自己面临饥饿，不得不做出了离开的痛苦决定。他们掩埋了所能留下的给养（主要是食物），并在一棵桉树（小套桉）的树干上雕刻了“DIG 3FT NW”（意为挖地3英尺，即约0.9米，西北方向）的说明。命运捉弄，伯克、威尔斯和金当晚到达，但当救援人员赶到时，只有金还活着讲述了他们的故事。他们对原住民抱有敌意，没有认识到原住民的经验也许能拯救他们，导致悲剧更加严重。

利文斯大厅修剪整齐的花园
英格兰

人们对修剪树木的艺术有不同的看法，但位于英国湖区肯德尔附近的利文斯大厅花园，其历史赋予了它特别的名声。

修剪灌木的艺术是将浓密的、细叶的灌木修剪成整齐或奇特的形式。这类艺术至少可以追溯到两千年前，是罗马园艺的特点之一。一直以来这项技艺存在争议，老普林尼在公元77年完成的《自然史》中贬低了它，在文艺复兴时期的欧洲又非常流行，到18世纪早期又变得式微，直到一个世纪后才复兴。英国坎布里亚郡修剪整齐的利文斯大厅花园在时尚的奇想中幸存了下来，并被认为是世界上现存最古老的修剪整齐的花园，这些奇特、漂亮又生动的雕塑看起来与17世纪后期时一样。

瓦勒迈杉
澳大利亚

瓦勒迈杉在有弹性的枝条上长出扁平的常绿针叶，通常稍有下垂。

瓦勒迈杉通俗但不准确的称谓是瓦勒迈松，作为一种常绿针叶树，它比任何松树都更接近猴谜树（叶硬而重叠、顶端针状，可阻止动物攀缘的南洋杉科常绿乔木）。1994年它在澳大利亚新南威尔士州的瓦勒迈国家公园被发现，遂以公园之名被命名。新树种的发现总是令植物学家兴奋不已的，但这次引起媒体和公众关注的是，此前瓦勒迈杉仅出现于化石中。这一偶然的发现是由一群探险者发现的，这个物种以他们中的一员大卫·诺布尔（David Noble）的名字命名。作为一名业余植物学家，诺布尔意识到他所看到的树是不寻常的。虽然该物种已经被广泛繁殖，现在可以在世界各地的园艺中心买到，但现存的野生物种不足100个，该地区受到日益频繁和严重的森林火灾威胁，因此在努力对抗火灾威胁中，这些物种已成为特别关注的焦点。

4月24日

爱的隧道

乌克兰

一条很少使用的工业铁路连接克莱文（Klevan）和乌克兰西部的小村庄奥尔日夫（Orzhiv），这条铁路出人意料地成了一个旅游景点。3英里（约5千米）长的“隧道”穿过一片落叶林，据说这些落叶林是在冷战时期种植的，目的是让铁路不被航空设备或卫星摄像机拍到。在当地一家胶合板工厂运送原材料和成品的火车经过时，树木会被修剪干净，但这种情况只是偶尔发生，这条线路足够安静，可以安全地走过去。这个风景如画的地方主要通过社交媒体被宣传，以浪漫的婚纱照和自拍背景而闻名。

在乌克兰的“爱的隧道”里。

罪槐

中国

北京景山公园现存的罪槐树被保留下来。

1644年4月25日，李自成领导长达十年的起义，推翻了崇祯皇帝，结束了明朝276年的统治。战败的皇帝逃离他在北京紫禁城的宫殿，在御花园的一棵槐树上上吊自杀。这个御花园现在是景山公园，这棵树被称为“罪槐”或“罪树”。原来的“罪槐”早已死去，1996年重新种植的“罪槐”是多棵替代的树之一。

格尔尼卡树
（西班牙）巴斯克地区

格尔尼卡的集会所（议会厅），壮观的玻璃天花板以著名的橡树为特色。

这棵橡树是西班牙巴斯克自治区数棵历史悠久的用于集会的树之一，现在矗立在格尔尼卡（Gernika，巴斯克语）议会厅前的这棵橡树被视为自由象征的第5棵橡树。至少从14世纪开始，地方政治力量就一直在格尔尼卡树下进行活动，但1858年种植的第3棵树在西班牙内战期间获得了新的意义。1937年4月26日，应佛朗哥将军的要求，德国和意大利空军对这个平民目标进行了猛烈轰炸。当地志愿者组成武装警卫保卫这棵树，它一直存活到2004年。

接骨木

欧洲接骨木

春光明媚，令人陶醉，接骨木花吸引着昆虫，尤其是食蚜蝇和甲虫。

接骨木是一种生命力旺盛的羽状叶树，生长在路边、荒地和林地下层，以其乳白色、芳香的花朵而闻名，在4月和5月出现。授粉后，它们发育出一簇簇小而有光泽的黑色浆果。花和浆果都可以用来制作香草、糖浆和葡萄酒——分别是春天和秋天的精华（但不能生吃，因为它们有中度毒性）。树皮、浆果和叶子也可以用来制造灰色、紫色和黄绿色的染料。接骨木颜色浅，易于削切。较小的茎有一个中心髓核，可以将其去除以形成一个空心管，非常适合制作口哨和长笛。在《哈利·波特》（*Harry Potter*）的故事中，那根非常强大的老魔杖是用接骨木做的，杖芯是用夜骐（魔幻文学系列小说《哈利·波特》中的幻想动物，形象为骨瘦如柴、头像龙、长着巨大蝙蝠翅膀的黑色飞马）尾毛做的。

4月28日

霍华德·恩德的山榆树

英格兰

英国作家爱德华·福斯特（Edward Forster）的著名小说《霍华德庄园》（*Howard End*）就是以这座房子命名的，但这是虚构的，故事主要是基于福斯特自己童年的家——位于英国赫特福德郡斯蒂文内奇（Stevenage）附近的洛克·奈斯特庄园。小说中反复提到的那棵腰身粗大的山榆树在这张照片中也出现了，福斯特的手背上写着"霍华德庄园那棵山榆树的唯一记录"。

4月29日

新生的山毛榉树叶

山毛榉新叶子的绿色是春天最耀眼的颜色之一。这些嫩嫩的新叶可以在开放的最初几天内食用，之后它们开始积累苦味的单宁酸，以阻止食叶昆虫和捕食动物。它的味道与酢浆草或苹果皮的味道相似，可以在一种名为山毛榉叶酒（beech leaf noyau）的林地利口酒中感受到，这种酒是将山毛榉叶与杜松子酒、白兰地和糖混合调制而成的。

右图：马恩岛十字架是一种简单制作的护身符，其强大之处在于无需工具，特别是无需切割木材或羊毛成分。

左上：也许是洛克·奈斯特（Rooks Nest）庄园中的白嘴鸦在古老的山榆树里筑巢。

左下：山毛榉的叶子在四月开始绽放，最初带有绒毛。

马恩岛的十字架

（英国）马恩岛

在马恩岛，人们仍然保持着一个有数百年历史的传统。在5月前夕，人们会把用新鲜的花楸（欧洲花楸）木材和从树篱上收集来的羊毛制成的十字架带进屋子，挂在门口，取代前一年制作的十字架。在异教徒的术语中，十字架代表四个基本方向或元素，而对基督徒来说，它是一个十字架。无论哪种方式，十字架都是为了避邪，保护所有进出的人。这些简单的符咒最重要的是，用来制作它们的花楸细枝必须从树上折断，不能砍下；禁止切割花楸的禁忌在凯尔特文化中普遍存在。

山楂树

单子山楂

山楂的花是非常美丽的，但是它的香味很难让人爱上，据说它既像性的气味，又像腐肉的气味。

山楂鲜亮绿色的叶子通常在春天最先长出来，但它的花开得相对较晚，因而获得五月花之称。它还会预示春天出现不可预料的寒冷并发出传统警告：“不要过早脱去冬装直到五月结束。”如果对山楂树的高度不加限制，它可以长到近50英尺（约15米）高。在英国它作为一种适合修剪的篱笆植物，是很常见的，可以形成一个多刺的、防牲畜的屏障，并为栖息和筑巢的鸟类提供绝佳的掩护。到了秋天，山楂的果实逐渐成熟，变成深红色，并为留鸟（终年生活在一个地区，不随季节迁徙的鸟）和冬季候鸟（为越冬迁徙而来的鸟）提供了重要的食物，如野雀、红翅和蜡翅。

怀特姆森林
英格兰

在怀特姆森林的大自然实验室里，忙碌的蓝山雀父母停留在人工搭建的特殊箱子上，这样的箱子有数百个。

位于英国牛津郡的古老的怀特姆森林，面积有1000英亩（约400公顷）左右，自1942年以来一直由牛津大学拥有和管理。这种关系使它成为世界上被研究最深入的森林之一，生态调查足有几十年，特别是对大山雀和獾的调查。它同时也是令人印象深刻的800种蝴蝶和蛾子的家园。

欧洲山毛榉

一棵古老的山毛榉树在英国德比郡的峰区国家公园茁壮成长。

普通或欧洲山毛榉有着强健的身躯、苍白光滑的树皮和壮观的季节性叶片颜色，因而被广泛认为是世界上最美丽的树种之一——在橡树为王的温带森林中，它是女王。它也是一种很受欢迎的树篱植物，因为具有枯而不落的特性，在整个冬天里，它的小枝都紧紧地抓住枯叶，直到春天新芽的出现，枯叶才会被推开。山毛榉林地的大教堂般的氛围是树干和浓密的树冠营造的结果，这些树冠遮住了大多数较小的树木和夏季的地面植物，留下大面积的落叶覆盖在空旷的地面上。

奇幻森林

英格兰

愿《星球大战4》与你同在：影片中的帝国冲锋队入侵迪恩森林。

《指环王》中，中土世界的真实位置靠近英国格洛斯特郡的迪恩森林中的科尔福德村，这可能会让一些人感到惊讶。事实上英国作家约翰·托尔金（John Tolkien）就住在附近，据说他曾参观过这片森林面积为12英亩（约5公顷）的奇幻森林，这里有苔藓覆盖的岩石、古树、骑行小径和阳光普照的林间空地。这里曾被用作数十部大片和热播电视剧的拍摄地，因此也是巫师和绝地武士、时间领主和外星人、骑士和国王出没的地方。这里向公众开放以供探索。

山榆树

光榆

山榆树，历史插画（1885）。

山榆树曾经是一种常见且普遍分布的树木，从爱尔兰到伊拉克都有。这种树成熟时可以长到100英尺（约30米）左右，但由于荷兰榆树病的伤害，现在这种树已经很少见了。一些最好的山榆树生长在爱丁堡的城市公园里。在其他地方，仍然可以在许多林地和灌木篱笆墙中找到小型的山榆树，它们很容易被误认为榛树。它的叶子摸起来很粗糙，就像所有榆树一样，叶子的基部是不对称的。山榆树的花结合了雄性和雌性的结构，并发展成有翼的果实（翅果），每颗种子位于翅膀中间。幼树遭遇携带榆树病害真菌的甲虫时，它们通常会染病死亡。

黑桤木

欧洲桤木

人们常说桤木喜欢把它的“脚”弄湿。

桤木是一种生长迅速但寿命相对较短的树种，喜欢在欧洲的沼泽或水边栖息，它的名字来源于一种特殊的潮湿林地，桤木卡尔群落（通常简称为“卡尔”）。雄花和雌花生长在同一棵树上，分别以柔荑花序和小球果的形式出现。桤木的木材被砍下后会变成深橙色（有人说是血红色），但只要它保持湿润，就不会腐烂。因此，它常常是建造码头、船只、闸门甚至木屐的首选木材。

《弗吉尼亚圆叶桦》

卡琳·瓦格纳（Carin Wagner，2020）

1975年之前，人们一直认为弗吉尼亚圆叶桦已经灭绝，但后来人们发现了少量的圆叶桦样本，并利用它们繁殖出数百株其他的圆叶桦，在野外重新种植。

美国艺术家、环保主义者卡琳·瓦格纳通过绘画来吸引人们对树木的关注。她说："我很难把我对任何一棵树的感受压缩成文字，它太庞大了。但当我在树下散步，被树包围时，我才感到快乐，而绘画是我为了纪念我们即将失去的物种而做的工作。"弗吉尼亚圆叶桦是美国弗吉尼亚州史密斯县特有的，是北美最濒危的树种之一。

白面子树

蔷薇科花楸属植物

白面子树通常在5月绽放密集排列的白色花朵。

白面子树，其名意为“白色的树”，它的树叶苍白的底面覆盖着一层白毛。发芽时，叶子类似于玉兰的花蕾。它们是相对较小的树木，不超过50英尺（约15米），通常作为灌木或树篱植物。和其他著名的花楸属植物一样，白面子树能开出一簇簇的白色花朵，结出红色浆果。白面子树最显著的特征就是它们多杂交并进化出独特的本地物种。仅在英国非常小的区域内就有十几种这样的品种，它们都是非常罕见和濒危的树种（见第44页的“禁止停车树”和第261页的“莱伊的白面子树”）。

伦敦梧桐树

美国梧桐树或东方梧桐树

伦敦梧桐树的名字不是以它们的起源城市命名，而是以200多年前它们开始改造的街道命名。

伦敦数千条街道两旁排列着优雅的梧桐树，它们是两种外来树种——美国梧桐树和东方梧桐树的杂交产物，无论是地理上还是文化上，这种树都适合栽种在一个东西方交融的城市。该树种于17世纪中期被发现，18世纪被广泛种植。当时，伦敦是地球上最繁忙、污染最严重的城市之一，但这梧桐树茁壮而繁茂，得益于片状剥落而保持着迷人的外观——光滑的树皮连同煤灰或其他污垢，会周期性地脱落。这个树种寿命很长，许多原始的树木存活到今天。尽管它们具有标志性的地位，但它们对野生动物的价值有限，因为从生态学的角度来说，它们仍然是非常新的物种。

多多那的奥克苏尔橡木

古希腊

男女祭司在照料神圣的树木时，从树叶的沙沙声中，或者从树枝上悬挂的风铃的声音中，可以听到神的声音。

神谕所是与古典诸神交流的场所。位于伊庇鲁斯的多多那神谕所是古希腊最古老、最重要的神庙之一，在不同时期，它被用来与泰坦女神狄俄涅（阿芙罗狄蒂的母亲）和众神之王宙斯交流。几个世纪以来，这里的树林似乎只剩下了一棵树，最终在罗马皇帝狄奥多西的命令下被砍倒，以试图从他的基督教帝国中根除异教信仰。多多那的橡树在伊阿宋与阿尔戈英雄的故事中出现过，其中一根树枝被装配在阿尔戈号的船体结构中，并赋予了预言的天赋。

5月11日

栗子星期天

英格兰

在伦敦西南部汉普顿宫附近的灌木公园里，有一条长达1英里（约1.6千米）的七叶树大道，由著名建筑师克里斯托弗·雷恩爵士（Sir Christopher Wren）设计，于1699年种植。在维多利亚时代复兴的传统中，离5月11日最近的星期天被称为栗子星期天。通常树都开满了花，人们会沿着林荫道举行游行，接着是一个游艺集市和树下的野餐。

5月12日

福廷欧紫衫

苏格兰

这棵生长在苏格兰珀斯郡一个小教堂墓地的树，是英国最古老树木头衔的主要竞争者。从保守估计的2000年到令人震惊的9000年，这棵树的真实年龄可能永远无法得知，因为树的心材早已不复存在，而原来的树干被分开得如此之远，以至于这棵树现在就像一片小树林。19世纪发展了一种传统，葬礼队伍穿过中央间隙，这印证巩固了长期以来紫杉与永生联系在一起的说法。

剥离的柳树

英国

上图：在伦敦的凯利舞俱乐部，传统的苏格兰舞蹈演员在表演“剥柳树”。

左上：1929年春天灌木公园七叶树大道鲜花盛开。

左下：原来的福廷欧紫杉树干现在类似于多个单独树木的茎。

这种纤细、柔韧的再生柳树的枝条，被称为柳条，有着广泛的实际用途。柳条通常经过蒸制和剥皮工序后，可制成用于编织篮子和雕塑的弯曲茎，还可以制作用于编织或加工成可产生单宁和绳状纤维的树皮条。这一工艺已经成为当地传统的一部分，还衍生一种生动而流行的乡村舞蹈“剥柳”。在最著名的苏格兰版本中，情侣们轮流在长长的舞者队伍中上下旋转，进行一系列令人眼花缭乱的旋转、换舞伴动作。在萨福克郡的切顿，在5月满月的晚上，当地的一位幸运的人会在仪式上穿上柳条衣服，然后被扔进池塘。

锡特卡云杉

北美云杉

在种植园中的锡特卡云杉很少能达到自然形成的引人瞩目的形状或令人印象深刻的高度。

虽然作为一种快速生长的木材作物，锡特卡云杉在大量种植单一作物的地方经常被贬低，但从阿拉斯加到加州的锡特卡云杉在这个范围内是一种壮观的树木。它是为数不多的通常身高超过295英尺（约90米）的树种之一，许多真正的古老“巨人”都已经被砍伐。目前的纪录保持者是加拿大不列颠哥伦比亚省温哥华岛卡玛纳·沃尔布兰省立公园的“卡玛纳巨人”，以及美国加利福尼亚州草原溪红杉州立公园的两个样本。这三个高度都是315英尺（约96米）。

神圣的雪松林

乌鲁克国王吉尔伽美什和恩基杜与神圣雪松林的守护者巨大的洪巴巴交战。

《吉尔伽美什史诗》是现存最古老的有文字记载的故事。从公元前1800年左右的古美索不达米亚一系列石碑上的楔形文字可以得知。在故事中，乌鲁克国王吉尔伽美什和他心爱的同伴恩基杜前往美索不达米亚众神的美丽国度的一片雪松林。他们砍伐神圣的树木，并受到一个叫洪巴巴的神的攻击。吉尔伽美什杀死了洪巴巴，但在此之前，恩基杜被诅咒而死。不同版本的故事中，森林的位置各不相同：在早期的版本中，可能是沿着伊朗、伊拉克和土耳其边境的扎格罗斯山脉，在后来的版本中，可能是在黎巴嫩。不管怎样，描述的大树很可能是黎巴嫩的雪松、香柏木。

5月16日

驾车穿越吊灯树

美国

为什么有人会觉得有必要开车穿过一棵树，这是一个谜。这棵海岸红杉（北美红杉）是19世纪末20世纪初被发现的数棵红杉之一。1937年，查尔斯·安德伍德（Charles Underwood）对吊灯树（以其树枝的形状命名）进行了改造，为游客提供拍照的机会，以刺激刚刚起步的驾车度假产业。目前，它仍然是美国加利福尼亚州莱格特驾车穿越树公园（Drive-Thru Tree Park）的主要景点，该公园仍由安德伍德家族拥有和经营。

尽管人们对古树的伦理观念已经发生了变化，在古树上挖隧道可能会遭到人们的反对，但吊灯树作为这个物种的形象大使，已经成为新奇的旅游树种并存在了80年。

下界

斯坦利·唐伍德（Stanley Donwood，2013）

2017年，《下界》作为街头艺术在英国萨默塞特的巴斯展出。

英国艺术家兼作家斯坦利·唐伍德因与英国歌手汤姆·约克（Thom York）和电台司令乐队（the band Radiohead）的合作而闻名，自20世纪90年代以来，他一直为电台司令乐队设计专辑封面。树木是唐伍德艺术中反复出现的主题，他壮观的画作《下界》被用来宣传2014年的格拉斯顿伯里音乐节，并再次成为2019年英国作家罗伯特·麦克法兰（Robert Macfarlane）畅销书《地下世界：深时之旅》（*Underland: A Deep Time Journey*）的封面。当被问及麦克法兰的照片时，唐伍德解释说，《下界》是“你看到的最后一样东西”。这是核爆炸刚刚发生时所发出的光。当你看《下界》的时候，你的生命只剩下0.001秒，肉就会从骨头上融化掉。“这是很可怕的景象，比起在经典的《霍洛威》（*Holloway*）阴影下迎接末日的时刻，肯定还有很多更糟糕的地方。”

盆景
中国

水旱盆景集水、石、植物于一体，通常还包括模型建筑和人物。

中国的盆景或盆栽艺术涉及生活景观的微缩创作。它与日本的盆景艺术相似，通常需要精心培植树木，更为复杂地体现自然主义，可能会结合水景、模型建筑或岩石来模拟山脉、巨石或峭壁等地形特征。盆景主要有3种风格：水旱，为水、地、树的结合；山水，为岩石和植物组合而成；树木，则以一种或多种树为重点。

安克威克紫杉
英格兰

亨利八世和安妮·博林在温莎森林，狩猎是王室及其客人娱乐、锻炼和战斗训练的方式。

一棵古老的安克威克紫杉生长在英国温莎附近的泰晤士河畔，被认为有2500年的历史，当附近的圣玛丽修道院于12世纪亨利二世统治时期建造时，它就已经很古老了。亨利八世使这棵树声名鹊起——据说在这些树枝下，他向他的第二任妻子安妮·博林（Anne Boleyn）求爱，也许还向她求婚——这场婚姻的后果包括1534年英格兰教会从罗马脱离，1536年5月19日修道院解散和安妮因叛国罪被斩首。这棵树也是1215 年约翰国王签署《大宪章》的可能地点，也有人说是地点在河的另一边兰尼米德。

风铃草森林

在英格兰的山毛榉风铃草森林，斑驳的阳光透过新鲜绿叶洒落于地。

虽然蓝色风铃草生长在欧洲的许多地方，但这种密集的、闪闪发光的经典风铃草草地通常被认为是英国的特色。风铃草在特殊的环境下才能如此繁茂地生长。首先，它们需要时间。蓝铃花从鳞茎中生长，鳞茎缓慢分裂以增加花簇的尺寸。这意味着它们在新栖息地生长的速度很慢，而已经被大面积覆盖的林地可能已经很老了。风铃草喜欢山毛榉林，那里茂密的夏季树冠限制了地面植物群的生长，减少了来自其他林地植物的竞争。在树冠完成生长前，风铃草在早春已完成大部分生长。

五月之光

明亮的晨光透过山毛榉树的新叶照射下来。

Maienschein（意为“五月之光”）这个词最初是用古德语创造的，用于描述强烈的春天阳光透过新叶产生的效果。它所带来的幸福感毫无疑问地变得更加强烈，因为这种幸福感通常一年只有几天的时间。

5 月 22 日

五蕊柳树

这种通常是灌木状的小柳树，其特点是拥有厚而有光泽的叶子，似于那些月桂，同样缺乏强烈的芳香气味。但在花上，其短柔荑花序明显不同于真正月桂树的小金簇花。五蕊柳原产于北欧和亚洲，在那里它们喜欢潮湿的土地或沼泽，因此除非在人工种植计划中，它们与地中海的同名柳树并不一致。

5 月 23 日

绣球花

欧洲荚蒾

绣球花是温带和地中海林地下层的小树，是古代栖息地的指示物。它经常被种植在灌木篱墙和作为一种观赏灌木。它在仲夏开出一簇簇白花，每一簇外面超大的花朵是吸引传粉的，不具备繁殖作用。秋天，鲜红的果实格外鲜艳，这对野生动物，从传粉昆虫到吃浆果的鸟类，有着巨大的吸引力。

图勒树

墨西哥

上图：无可争议的世界纪录打破者：巨大的图勒柏树。

左上：五蕊柳树。

左下：野生的绣球花生长在树篱和林地边缘。

一种蒙特祖玛柏树（墨西哥落羽杉）生长在墨西哥瓦哈卡市郊区的圣·玛丽亚·德尔·图勒（Santa Maria del Tule），因此又称图勒树或图勒柏树，是所有活着的树中周长最大的树。上一次测量是在2005年，它的直径为37.5英尺（约11.42米），周长为138英尺（约42米），这要归功于从树干上伸出的许多支撑物。这棵巨大的柏树可能是由多根茎组成的——大多数蒙特祖玛柏树的周长不超过3米。这棵图勒柏树无疑很古老，根据其生长速度的估计与当地萨普特克人的传说非常一致，它大约在1400年前种植，但有说法称它可能更古老。

树：赋予特别注意力的行为

乔·布朗（Jo Brown，2016）

乔·布朗在2016年墨水绘画月（Inktober）挑战赛中用墨水绘制了这幅画，其提示只是“树”。

画出生活中的一棵树，就要对它进行观察。你必须研究它的结构和它的大部分表面特征才能画好这棵树，在这个过程中，你会注意到你以前没有注意到的东西。

英国插画家乔·布朗每天都画画，作为一种记录自然的方式。她说：“这棵巨大橡树的枝干悬挂在我的花园上空。它吸引了大量的野生动物，从橡子象鼻虫到树上的爬行动物，从茶色猫头鹰到埋橡子的松鼠。”

树液

红纹丽蛱蝶热衷于吸食含糖量高的液体，比如过熟的水果的汁液、从受损树干中渗出的汁液。

树液是所有维管植物的特征之一，是一种包含化合物水溶液的液体，包括植物在光合作用中产生的糖、植物激素以及其他营养，其他营养指从土壤或水中吸收的营养，植物与共生菌根、真菌交换而获得的营养及矿物质分子。一般来说，树液通过木质部的导管从根流向枝，通过韧皮部从叶流向植物的其他部位。树液可以是水状的，也可以是黏稠的。汁液中所含的糖分使其成为昆虫的美食，蚜虫和叶蝉等吸吮汁液，而没有刺穿口器的苍蝇和蝴蝶则会轻轻吸吮从受损组织中泄漏出来的汁液。

5月27日

白杨树

杨柳科植物

白杨树的树皮苍白，除此之外的特征还有叶子更圆润、呈不规则裂片状，叶子苍白的底面经常能挡住光线，使整棵树看起来很白。更多的白色出现在夏末，当授粉的雌树的柔荑花序成熟变为种子头时，就像蓬松的棉花团一样，这一特征使白杨树有了另一个美国名字——棉白杨。

5月28日

金链花“隧道”

这条180英尺（约55米）高的金链花“隧道”是位于英国北威尔士斯诺登尼亚边缘的康威山谷的博德南特花园的一大亮点。1880年，这座拱门由花园的主人兼创造者、化学家、自由党政治家亨利·波钦（Henry Pochin）委托爱德华·米尔纳（Edward Milner）设计。这个花园现在由国民信托管理，并向公众开放。每年5月的最后两周，花园里樱花盛开，然而拱门依旧壮观。

右图：国会士兵审问当地的保皇派，却不知道查尔斯就藏在他们头上。约翰·里奇（John Leech）的漫画来自吉尔伯特·阿伯特贝克特（Gilbert Abbott）的《英格兰漫画史》，创作于1880年。

皇家橡树

英格兰

左上：苍白的树皮、苍白的叶子、一株蓬松的白色种子：白杨树因这三样白色而得名。

左下：位于英国北威尔士康威山谷的博德南特的著名金链花拱门，在5月和6月处于最佳观赏状态。

1651年，英国内战在伍斯特的最后一场战役结束后，未来的国王查尔斯二世（Charles Ⅱ）在什罗普郡博斯科贝尔大厦的一棵橡树上躲了一天，以躲避议会军（圆头党）。由于这棵树在1660年查理逃亡、流放以及最终重夺苏格兰、英格兰和爱尔兰王位的过程中发挥了至关重要的作用，它也因此成了君主复辟的象征。皇家橡树经常被描绘成两侧是狮子和独角兽，无数酒吧以它的名字命名。查尔斯在他的30岁生日这一天返回伦敦，这一天被称为恢复日或橡树苹果日。庆祝活动与标志着夏季到来的古老传统相结合，包括收集和展示橡树树枝以及佩戴橡树叶或橡树苹果瘿枝。

老橡树上的黄丝带

托尼 · 奥兰多和道恩（1973）

美国马萨诸塞州昆西中心挂着黄色丝带，纪念在伊拉克和阿富汗服役的美国军人。

这首1973年的热门歌曲由美国演员托尼 · 奥兰多（Tony Orlando）和道恩（Dawn）录制，由美国歌手欧文 · 莱文（Irwin Levine）和L. 拉塞尔 · 布朗（L. Russell Brown）创作。它讲述了一个被释放的罪犯给他的爱人写信，要求她给他一个信号，表示欢迎他回家。如果她想要他回来，她就要在屋外的树上系上一条丝带。如果他没看到丝带，他就会明白他不该回来了。不过故事的结局还是很美好的，因为他看到树上不是一条黄丝带，而是上百条黄丝带。黄色的树带已经成为渴望失踪的人回归家庭或社区的象征，这些人是囚犯、被拘留者或在远方服役的军人。

青刚柳

蒿柳

苏格兰马尔岛卡尔加里湾附近的马鹿形态的柳树雕塑。

青刚柳是一种最小和最有活力的柳树，可以通过它狭窄而尖的叶子和灌木状生长来识别。它的产量非常高，而且在修剪后会出现爆炸性增长，这意味着它可供定期收割，可以用来制作篮子，并经常被用来制作柳树雕塑。它有时也被种植在受重金属污染的地面上，在那里它由于对水和土壤养分的渴求，会吸收重金属等有害物质，然后人们通过收割这些柳树起到从场地中去除有害物质的作用。

心木
英格兰

尼克·海斯的宽幅海报引人注目，出现在谢菲尔德附近的公交车站。

2018年，英国作家兼活动家罗伯特·麦克法兰写了一首名为《心木》（*Heartwood*）的诗，以“抵御伤害的魅力”来支持拯救英国南约克郡谢菲尔德市数千棵道路两旁的树免受不必要损害和滥伐的运动（另见弗农橡树，第162页）。作者放弃版权，这首诗可以以任何形式被复制，后来被译成其他语言，被许多唱片艺术家改编成乐曲，并启发了插画家和活动家尼克·海斯（Nick Hayes）创作了这幅宽幅油毡浮雕画作。

HEARTWOOD
WOULD YOU HEW ME
TO THE HEARTWOOD, CUTTER?
WOULD YOU LEAVE ME OPEN-HEARTED?
PUT AN EAR TO MY BARK, CUTTER,
HEAR MY SAP'S MUTTER,
MARK MY HEARTWOOD'S BEAT,
MY LEAVES' FLUTTER.
WOULD YOU TURN ME TO TIMBER, CUTTER?
LEAVE ME NOTHING BUT A HEAP OF LOGS,
A PILE OF BRASH?
I AM A WORLD, CUTTER,
I AM A MAKER OF LIFE –
DRINKER OF RAIN, BREAKER OF ROCKS,
CASTER OF SHADE, EATER OF SUN,
I AM TIME-KEEPER,
BREATH-GIVER,
DEEP-THINKER, CUTTER;
I AM A CITY OF BUTTERFLIES,
A COUNTRY OF CREATURES.
BUT MY WORLD TAKES YEARS TO GROW,
CUTTER, AND SECONDS TO CRASH;
YOUR SAW CAN FELL ME,
YOUR AXE CAN BRING ME LOW.
DO YOU HEAR THESE WORDS I UTTER?
I ASK THIS OF YOU –
HAVE YOU HEARTWOOD, CUTTER?
HAVE THOSE
WHO SENT YOU?

格兰尼特橡树

保加利亚

由于只有一根树枝还活着，可敬的格兰尼特橡树即将结束其漫长的生命。

在保加利亚格兰尼特村的边缘，一棵普通的或有花梗的橡树（栎树）是世界上最古老橡树这一令人垂涎的称号的有力竞争者。根据1982年收集的一个核心样本的年轮计数，它可能萌发的日期估计为345年，到2021年，它的年龄为1676岁。对于这样一个古老的标本来说，它的高度令人惊讶，尽管一侧的大部分树枝已经死亡，需要依靠人工手段进行支撑。

紫铜色山毛榉

紫叶欧洲山毛榉

英国维多利亚女王在苏格兰佩思郡德拉蒙德城堡花园种植的一棵紫铜色山毛榉树。

1680年，一种变种的普通山毛榉在德国图林根州的波森瓦尔德（Possenwald）森林中自然生长，并被记录下来，成为一种流行的品种，在世界各地的公园和花园中广泛种植。紫铜色山毛榉的叶子呈暗红色是由于产生了过多的花青素，但叶子在春天开始变绿，并经常在夏末变回深绿色。铜山毛榉在18世纪中期被引入英国，它似乎是英国景观设计师汉弗莱·雷普顿（Humphry Repton）的最爱，在他的许多公园景观中都有这种植物。

6月4日

野樱桃

欧洲甜樱桃

野樱桃树一年四季都很可爱。在4月它会绽放出绚丽的白花；在秋天它的叶子会呈现出鲜艳颜色；在冬天它会去除光滑的树皮。在野外，它通常生长在树林的边缘，看起来好像是故意种在那里的，这是这个物种喜欢阳光的自然结果。野生樱桃树结出大量的红色、黄色和黑色果实，它们比栽培的品种小，不那么甜，但仍然可以食用，做馅饼很好吃。它的木材颜色丰富，装饰性强，深受木工和橱柜制造商的欢迎。

野樱桃比栽培的樱桃含糖少，但仍然是一种值得品尝的甜食。

戴德姆水闸与磨坊

约翰·康斯特布尔（John Constable，1820）

英国画家约翰·康斯特布尔的画作作为悲伤的记忆，揭示了英国榆树的消失改变了当地风景的现实。

大部分英国乡村现在都不如以前了，即使在人们的记忆中也是如此。树篱的减少、城市区域的扩张以及工业、交通和能源基础设施的发展，是自20世纪中叶以来最明显的变化之一，但也许最令人心酸的是壮观的英国榆树林——仅次于橡树的第二引人注目的阔叶树林的消失。虽然不是严格意义上的原生榆树，但自青铜时代以来，英国榆树就已成为英国景观的一部分，荷兰榆树病导致英国榆树大量病死，这是一场全国性的悲剧。一些组织正在努力开发抗病品种，有一些是杂交的结果，另一些是从少数幸存的树木中培育出来的，这些树木显示出不同程度的自然抗感染能力。

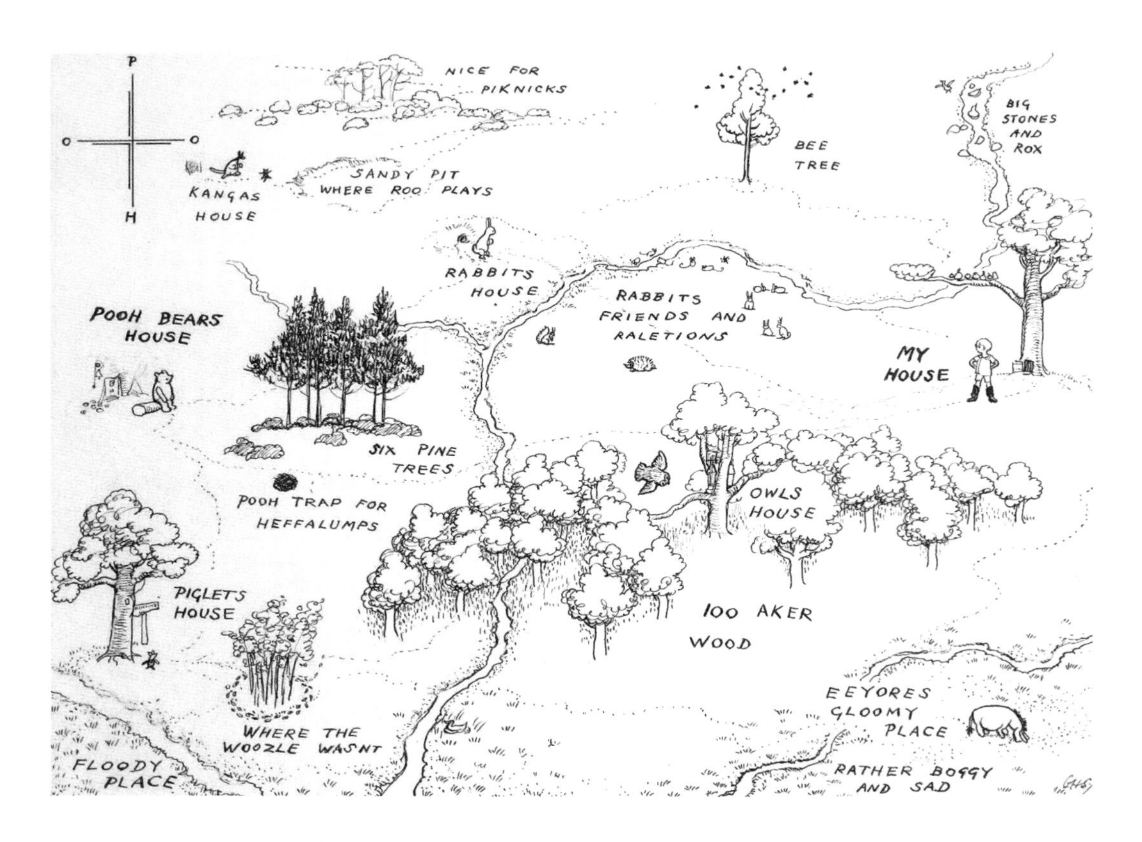

百亩森林

英格兰

英国画家欧内斯特·H.谢泼德最初的草图为克里斯托弗·罗宾和朋友们描绘了一个冒险的世界。

英国作家艾伦·A. 米尔恩（Alan Alexander Milne）创作的著名童话故事《小熊维尼》的背景是一个真实的地方——英格兰南部东苏塞克斯郡阿什当森林的混合林地。这片林地现在是高威尔德地区的一部分，有着非常美丽的自然景色。数百万人从英国画家欧内斯特·H. 谢泼德（Ernest Howard Shepard）的插图中熟悉了苏格兰松树群。由于周围荒地放牧的减少，谢泼德的插图发生了变化，但这里仍然有一种特殊的气氛。像克里斯托弗·罗宾、维尼、小猪、跳跳虎、猫头鹰、屹耳、兔子、袋鼠和小袋鼠刚刚开始了一场冒险，现在随时都可能回来喝茶。

木块茎

树瘤和木质素块茎因其在扭曲的谷物中产生有趣的旋涡而被木工们珍视。

木块茎又称为根冠、根茎和根瘤，是一些树木在地面或略低于地面的木质隆起物。它们通常出现在经常被火焚烧的树种中，包括年轻的软木橡树、几种澳大利亚桉树和红木、东方樟树和美国海岸红杉。后者的根茎瘤是已知的最庞大的天然木质结构，直径可达39英尺（约12米）。木块茎可快速再生，很容易获得淀粉储备，可以维持植物的生命，直到它设法重新开始光合作用。

弗农橡树

英格兰

在2017年的一次抗议活动中，英国谢菲尔德市的树木活动家基思·迪金（Keith Deakin）雕刻了弗农橡树的油纹版画，当时这棵树面临着不必要的砍伐。

谢菲尔德市是英国最绿色的城市之一，这要归功于街道两旁数以万计的成熟树木。在市议会与一家私营公司签署了一项不明智的街道维护协议后，多尔郊区一棵150多岁的橡树弗农成了一场斗争的象征，以拯救数千棵树木免于不必要的砍伐。从2012年开始的7年多时间里，不断升级的冲突让居民们与市政委员会、承包商和警察形成了直接对抗，并登上了世界各地的新闻，大多数参与对抗的居民之前从来没有参加过任何行动。弗农的推特账户用来分享活动的更新，直到居民们争取到新的树木检查和维护系统。由于居民们的热情、决心和创造力，弗农和其他数千棵健康的树木成功被拯救（见“心木”，第154～155页）。

“树木是大地写在天空中的诗。

我们将其砍倒变成纸，

来记录我们心灵的空虚。”

黎巴嫩裔美国诗人哈利勒·纪伯伦（Khalil Gibran，1883—1931）

小雪松树
美国

这棵古老的、有些矮小的东方白雪松（北美香柏），又称为女巫树，生长在美国明尼苏达州的哈特波因特（Hat Point），俯瞰着苏必利尔湖。这个地方是奥吉布瓦人部落土地的一部分，对他们来说，这里是神圣的，他们会在湖边上船之前留下祭品（传统上是烟草），以安抚水神，祈祷它不会带来风暴和危险。这棵树至少有300年的历史，是一棵天然的盆景，因为它的位置暴露在外，而且没有足够的空间让它的根生长在岩石中。

雪松树的根深深地扎进岩石的缝隙中，它按照自己的方式缓慢而聪明地生长着。

空心原木
美国

美国内华达山脉南部的图拉雷县有一棵巨大的空心原木，它已经成为当地地标至少200年了。

没有人确切地知道这棵巨大的红杉（巨杉）是什么时候倒下的，推测是在1856年之前很久的事了。在图里河印第安人战争（Tule River Indian War）期间，它的树干因宽阔而中空，被士兵用作基地。在此之前，它已经成为当地尤库特人的著名地标和住所。这根原木在1885年连同它倒下的土地（现在的加州巴尔奇公园）一起被购买，那里还包括一片挺立的红杉林，后来成为一个旅游景点。原木的断端被锯齐，然后用钢索捆扎起来，以提高其结构的完整性。事实上，它仍然完好无损，可以在上面行走和攀爬，这证明了这棵树的木材量是惊人的。

分裂的鹅耳枥

英格兰哈特菲尔德森林

这种被劈开的鹅耳枥在树干大部分缺失的情况下仍能存活下来，因为活跃的木质部和韧皮部在木材的外层，它们负责输送水分和营养物质。

一开始看起来像是两棵挨在一起生长的树，实际上是一个真正古老个体分裂的树干，它的心材已经腐烂很久了。像英国埃塞克斯郡哈特菲尔德森林古老公园景观中的许多树木一样，这棵生长在布什恩德平原上的树，尽管年龄很大，但被多次截去枝梢，以鼓励新的枝丫生长旺盛。以这种方式养护的树木不太可能头重脚轻，也不容易倒下，因此寿命很长——事实上，只要树干能撑得住，它们就可以继续存活。哈特菲尔德森林现在由国家信托基金和自然保护区管理，是英国最完整的皇家狩猎森林。

金迪奥蜡棕榈

这些高大树木树干上的保护性蜡涂层曾经被用来制作蜡烛和肥皂。

最高的棕榈树，也就是世界上最高的单子叶树，金迪奥蜡棕榈，是哥伦比亚的国树，原产于安第斯山脉咖啡种植区的山地森林。最高的样本可以达到200英尺（约60米），它们的高大衬托出了它们的树干相对细长和完全没有侧枝。

阿克塞尔·厄兰森的马戏团树木

美国

1947年，一个不同寻常的旅游景点在美国加利福尼亚州的斯科特山谷开放。马戏团树木是瑞典裔美国园艺家阿克塞尔·厄兰森（Axel Erlandson）的作品，他用嫁接和修剪的方法把树木培育成不同寻常的形状。其中24棵树现在生活在加州的吉尔罗伊花园的家庭主题公园，而其他的树则被保存为枯木，并在圣克鲁斯艺术和历史博物馆、巴尔的摩的美国幻想艺术博物馆展出。

吉尔罗伊花园中的树木马戏团，树木的奇妙形状是创作者嫁接、修剪和辛勤修剪的结果。

拉·艾埃-德-鲁托紫杉树

法国

古树的洞穴长期以来一直被视为身体和精神上的避难所。

法国西北部拉·艾埃-德-鲁托村的教堂墓地里有两棵古老的紫杉树，据推测有1000~1300年的历史。两者都是中空的：一个是圣母玛利亚的神龛，另一个是圣安妮的小教堂。两棵树在2015年引起了广泛的关注，当时其中一棵树生病了，对叶子的分析表明，它被化学物质草甘膦（一种有机膦类除草剂）伤害了。当地社区组织起来保护和宣传这两棵树，引发了人们更密切的关注。

“一棵柳树歪歪斜斜长在一条小溪边……”

柳树通常直接生长在河岸上，它们的根是单侧的，这意味着它们往往会倾斜在水面上，有时还会掉进水里。这一特点在莎士比亚的《哈姆雷特》中得到了体现。哈姆雷特的母亲格特鲁德王后说，奥菲利亚被王子的拒绝逼疯了，就从这样一棵树上掉下来淹死了：

小溪旁边，生长着一棵柳树，
清澈溪水，映照银白的柳叶；
戴着花环，她款步来到溪旁，
乌鸦花，荨麻，雏菊和长紫色
自由的牧羊人给了粗俗的名字，
而冰清玉洁的姑娘以死人的手指称呼它们：
在那里，她欲将花环挂在柳树枝头
攀爬时，柳树枝丫突然折断；
断柳枝、她与花环一同坠落
落入呜咽的溪流。衣裳铺展，
溪水好似美人鱼，将她托起，
此时，她哼唱着老调的片段；
全然不觉自身所承受的痛苦，
如同本是在水中生长的一样
此刻的超然，终将不能长久
浸水的衣裳，顷刻间已沉重，
可怜的姑娘被沉重拉向溪底
葬身于水底泥泞。

威廉·莎士比亚（William Shakespeare）的《哈姆雷特》（*Hamlet*）第四幕第七场（1599年版）

这一场景被画过很多次，但最精美的是拉斐尔前派兄弟会的约翰·埃弗雷特·米莱斯（John Everett Millais）所画。他曾经发现位于萨里的霍格斯米尔河（River Hogsmill in Surrey）的背景位置，恰好有倒下的柳树，据说他大声喊道：“看！还有比这更完美的吗？”

约翰·埃弗雷特·米莱斯爵士的布面油画《奥菲利亚》

自行车树

苏格兰

这棵树的历史可以追溯到19世纪晚期，但它并没有因为添加了金属而受到任何不良影响。

这棵自种的梧桐树（欧亚槭）生长在英国苏格兰斯特林附近的布里格奥·塔克（Brig o' Turk）村一堆铁匠丢弃的废料中，据说它生长的过程中吞下了各种各样的金属物品，包括船的锚和链子，还有一辆自行车。一个当地人将这辆自行车挂在一根树枝上后被征召参加第一次世界大战，他再也没有回来取它。现在所能看到的自行车只有其宽大的老式把手和部分框架。这棵树因其历史和地标性意义于2016年被授予保护地位。（另见178页的“饥饿的树”）。

希波克拉底之树

希腊

一棵大梧桐树生长在科斯的普拉提亚·普兰塔努，该地被标记为西方医学教学的发源地。

希腊科斯的医生和教师希波克拉底（约公元前460—前370年）被公认为是医学之父。作为西方思想家之一，他最先指出疾病是一种可以治疗的自然生物现象，而不是神的意志或超自然的痛苦。他在古城科斯的一棵梧桐树下传授他的教义，这里现在被称为普拉提亚·普兰塔努或平面广场。现在站在原地的这棵法国梧桐树（三球悬铃木）大约有500年的历史，据说是原来梧桐树的后代。用这种树的种子和枝条培育的树被捐赠给世界各地，被放置在教学医院和包括耶鲁大学和格拉斯哥大学在内的大学里。

两百周年纪念的考里木树

澳大利亚

世界上最高的树种之一，位于澳大利亚西南部的壮观的考里木树（杂色桉树），是生物多样性森林的关键物种。树木似乎从偶尔的燃烧中受益，燃烧会释放出锁在树叶深处的营养物质，这些物质会随着时间的推移在森林地面上积累。这也证明了它们对火灾的抵抗力。考里木树经常被装配上便于攀爬的装置，供消防员用作观察点。1998年，为了纪念澳大利亚成立200周年，这个位于西澳大利亚州沃伦国家公园的246英尺（约75米）高的考里木树安装了165个水平金属钉，形成一个螺旋梯到达观景台。它向所有喜欢冒险的游客开放……

在澳大利亚西部的沃伦国家公园，勇敢的游客们爬上了戴夫·埃文斯（Dave Evans）两百周年纪念树。

好好生活，
年老年青，
像那橡树，
春天闪亮，
活的黄金；

夏天–繁茂
然后；然后
秋天–变色
颜色–素净
再变黄金。

所有树叶
最后飘落，
瞧，他屹立，
光干光枝
遒劲有力。

《橡树》，
阿尔弗雷德·丁尼生（Alfred Tennyson，1889）

一棵成熟的欧洲栎树在任何季节都是光彩夺目，在许多文化中，它都是一种力量的象征。

6月21日

橡树王

英国

在绿人和基督教出现前，橡树王一直是作为欧洲宗教中典型的有角森林之神的形象。橡树王与冬青王（见第354页）进行了一场周期性的“战斗”（冬青王和橡树王是欧洲凯尔特神话中的男神，他们是一对兄弟。冬青王掌管着冬至到来年夏至，橡树王掌管着来年夏至到下一年冬至）。橡树占据了一年中温暖、明亮的部分，象征性地在冬天让位于冬青。

6月22日

凯撒的繁荣（凯撒之树）

比利时

这棵紫杉树生长在14世纪，在通往比利时小镇罗（Lo）的大门旁边，比曾经环绕着整个定居点的中世纪城墙要古老得多。据当地传说，公元55年，罗马皇帝尤里乌斯·凯撒（Julius Caesar）在前往英国的旅途中曾在这里停留，他把马拴在这棵树上，在树枝下打盹。虽然没有文献证据表明凯撒曾来过这里，但附近的这条路很可能是在罗马占领时期修建的，而几乎可以肯定的是这棵树相当古老。

德鲁伊教

古代不列颠

上图：19世纪德鲁伊仪式的设想。

左上：人以多种形式出现，夏季的橡树王只是其中之一。

左下：尽管它名字背后的传说无法证实，但这种古老的紫杉起源于罗马时代。

德鲁伊教是一个由牧师和知识分子组成的阶级，他们团结了古代不列颠许多迥然不同的凯尔特部落。他们扮演着不同的角色，如萨满、治疗师、精神领袖、教师和口述历史的守护者。就像基督教之前的欧洲一样，德鲁伊教将橡树视为大自然神圣的组成部分，也许是因为有无数其他形式的生命依赖于它们。甚至"德鲁伊"这个词也来源于"drys（干）"这个词根，"干"代表橡树；"wied"代表知识。英国德鲁伊教在罗马占领期间被消灭了，神圣的树林被摧毁了，但其他的德鲁伊教被纳入了基督教。近几个世纪以来，德鲁伊教经历了多次浪漫主义的复兴和重建。

6月24日

饥饿的树

爱尔兰

在爱尔兰都柏林国王酒店周围优雅的公园里，一种奇怪的、不雅的景象正在以慢动作展开。一棵相对年轻的伦敦梧桐（二球悬铃木），约1900年种植，已经吞没了大部分旧的铁长凳，这把长凳本应该是用来遮阴的。长得相对较快的树干似乎在长凳周围流动，长凳不再供人们舒适地坐在上面，而是成了另类的旅游景点。

6月25日

“就像一棵橡树

来自一棵小树苗”

杰弗里·乔叟（Geoffrey Chaucer）《特洛伊罗斯与克瑞西达》（1374）

超级树

新加坡

上图：新加坡对城市自然的独特、先进的理念，体现在它非凡的“超级树”上。

左上：爱尔兰都柏林国王酒店周围公园的饥饿树长椅。

左下：1995年英国邮票上乔叟的特洛伊罗斯与克瑞西达之吻。

新加坡中部有一个广阔的城市自然公园，被称为海湾花园（The Gardens by The Bay），拥有多个海滨、一个室内云林以及世界上最大的温室和超过247英亩（约100公顷）的休闲空间，通常每年有超过5000万人次前来参观。有18棵“超级树”为这个国家带来了世界范围内的认可，并成为这个城市国家的标志。这些人工结构的“超级树”，其高度为25～50米，包含垂直花园，并具有与真树相同的功能，白天提供遮阴并收集太阳能。到了晚上，它们会上演壮观的灯光秀。

猛犸树
美国

猛犸树被砍倒的树干躺在一个茶亭旁边，茶亭就在被砍断的树桩上。这个亭子已经消失很久了，而树桩和树干仍然可以在卡拉维拉斯大树州立公园供游客参观。

150多年来，美国加利福尼亚州卡拉维拉斯大树州立公园的巨大树木一直令游客惊叹不已。其中一棵被称为猛犸树，是一棵1244岁、90米高的巨型红杉，是当时已知的最大的树。然而，在淘金热的鼎盛时期，这一自然奇迹被视为纯粹的赚钱机会。1853年6月27日，经过了为期3周的树干切断操作，猛犸树被砍倒。一年后，同样大小的森林之母也遭遇了同样的命运。取而代之的是在附近建了一家旅馆，成群的游客在被砍下的猛犸树的树桩上举行下午茶舞会，而被砍下的树干被用作保龄球场。对伐木的愤慨最终开始渗透到公众意识中，并成为建立自然保护区和国家公园运动诞生的一个因素。

黄瓜树

现在，索科特拉岛对黄瓜树进行了保护，以遏制在干旱时期将树干磨成浆作为紧急动物食物的行为，该行为是不可持续的做法。

这是也门阿尔博雷阿尔·旺德岛（Isle of Arboreal Wonder）和索科特拉岛的奇特植物（见第87页的“瓶形树”和第352页的“龙血树”），黄瓜树因其属于黄瓜和南瓜科而得名，与肿胀多汁的树干无关。其他具有相同名称的物种生活在其他地方。

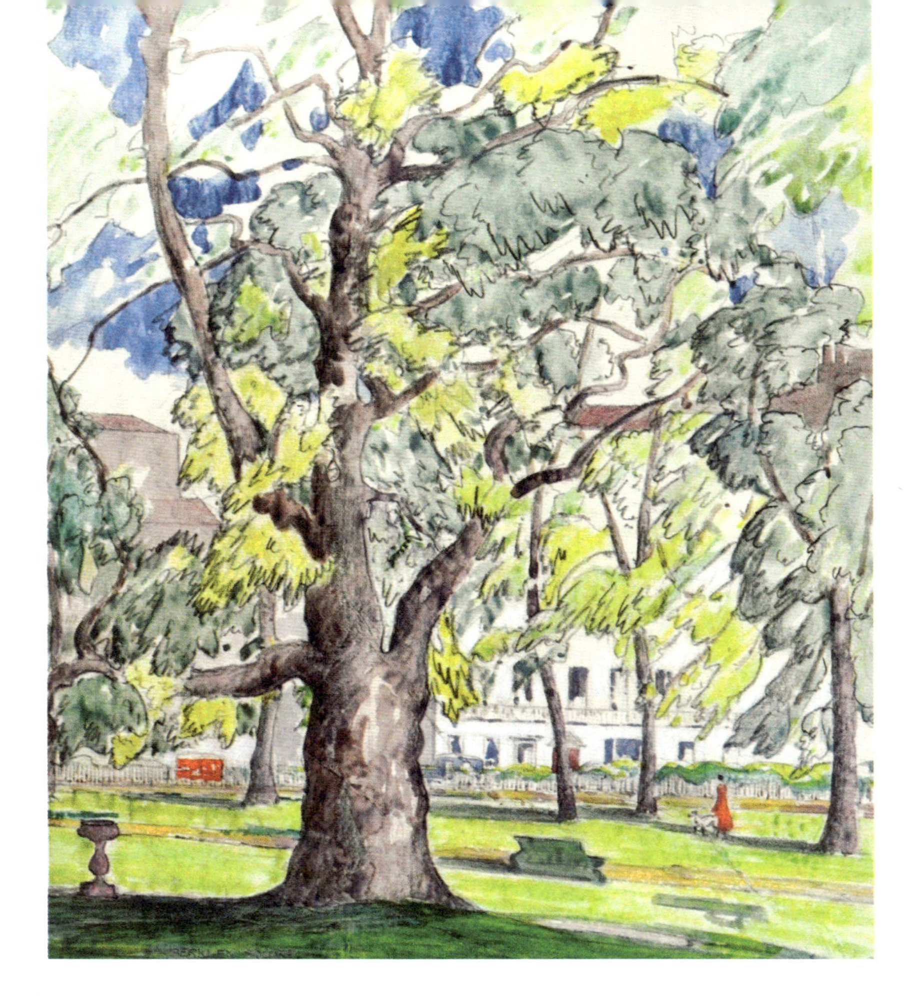

皇冠的价格
英格兰

珍贵的梧桐树装点着伦敦最负盛名的街道之一——伯克利广场的绿地。伊迪丝·玛丽·加纳（Edith Mary Garner）的水彩画。

在树上标出现金价格似乎是一件唯利是图的事情，但其实可能是一种有效的保存手段。2008年，英国伦敦的树木专家开发了一个行道树登记册，其中的树木标本被视为一种保护树木免受砍伐的手段，以保护道路和建筑等其他资产。估价过程考虑了规模、条件、历史意义和市容价值。在著名的肯辛顿、切尔西和威斯敏斯特区，有几棵树的价格超过50万英镑，而位于伦敦梅菲尔区伯克利广场的那棵树名列榜首，其中一棵特别大的伦敦梧桐树（悬铃木）价格75万英镑。

白蜡树
欧洲白蜡树

白蜡树轻而羽状的叶子在欧洲阔叶树中是独一无二的。

作为欧洲和英国最常见的树种之一，白蜡树因其优美的比例、圆顶的树冠和轻盈的树叶而闻名，在微风中摇曳，形成美丽的斑驳树荫。叶子是复合的，有7～13片小叶——除了末端的那片，其余都是成对排列的——它们会在秋天落下，掉落时它们仍然是绿色。浅色的直纹木材非常结实，能够承受巨大的重量和冲击，这使得它成为工具、运动设备、家具和马车的首选木材。白蜡树仍然被用来制造经典摩根汽车的车架。由于白蜡树膜盘菌（*Hymenoscyphus fraxineus*）引起的枯梢病，预计将有超过三分之二的白蜡树死亡，这将对整个白蜡树区域的景观产生深远的影响，尤其是在英国，白蜡树的景观重要性仅次于橡树。

“当一个人种下遮阴的树时，
他至少已经开始发现人类生活的意义，
他非常清楚自己永远不会坐在树下。”

美国贵格会和神学家D. 艾尔顿·楚布拉德（D. Elton Trueblood，1900—1994）

皇家橡树的儿孙
英格兰

希罗普郡博斯科贝尔庄园内，获得精心照料的橡树是查尔斯二世皇家橡树的后代。

在英国君主制复辟后的几年里，希罗普郡博斯科贝尔庄园附近的一棵橡树成了早期的旅游景点。1651年，伍斯特战役后，据说查理二世曾躲在这里躲避圆头党（议会）军队。这棵橡树死于18世纪的某个时候，很可能是猎人砍断树枝欲制造纪念品而造成的损坏。现在生长在这个地方的橡树，大约有300年的历史，据说是那棵皇家橡树（见第151页的“皇家橡树”）的直系后代。为了保证这棵树的延续，2001年另一位威尔士亲王查尔斯在旁边种植了第三棵树，这第三棵树的种子来自“儿子”的橡子。

7月3日

最北端的树

达胡里安落叶松（兴安落叶松）是唯一一种生长在世界最北端、西伯利亚东北部森林中的树种。它在北纬72度以上以直立树的形式生长，随着森林让位于苔原，苔原继续缓慢地覆盖地面。位于最北的例子出现在北纬73度04分32秒的泰米尔半岛。这些地方，在冬季（从9月下旬持续到6月），温度低至零下70摄氏度，植物的生长季节缩短到100天左右。

7月4日

远方的树

当3个孩子来到一个神秘的森林边缘的新家时，他们很快就在一棵巨大的树枝上开始了一系列奇异的冒险，那里居住着古怪和神奇的人物。在树的顶端，有一架梯子穿过云层中的一个洞，通向一个陌生的地方——有些地方不错，有些地方很糟糕——这些地方会周期性地移动。这些故事由英国多产作家伊妮德·布莱顿（Enid Blyton）创作，在80多年后，仍然吸引着年轻的书迷。

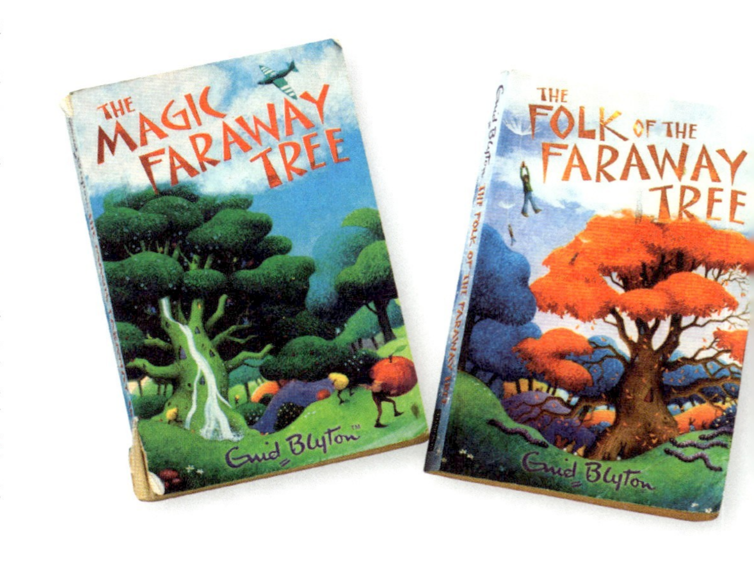

柳树图案

上图：斯波德和科普兰牌柳树图案陶器。

左上：俄罗斯亚马尔半岛拥有一些世界上最北端的直立树木。

左下：伊妮德·布莱顿的《远方的树》（*Faraway Tree*）系列小说经历了不断更新，依然保持着怪异的风格和迷人的魅力。

18世纪晚期，英国陶瓷制作工艺中出现了受中国制陶技术和风格影响的现象，或称中国风，这与特伦特河畔斯托克市大规模生产陶器的新技术获得完善相吻合。最著名的青花设计元素，现在称为柳树图案（美国蓝柳）——包括水边花园和凉亭、果树、柳树、走在桥上的人、远处的岛屿和头顶的两只燕子——从真正的中国进口产品中复制而来，并被不同的陶器以各种组合方式使用。1790年，斯波德制作的陶器首次使用了这种组合，但很快就出现了很多不同的版本，从那以后一直非常受欢迎。伴随设计的还有一个故事，讲述了来自不同社会阶层的一对注定要分离的恋人，他们试图私奔，但最终被抓获并杀害。

7月6日

西克莫

欧亚槭

西克莫原产于欧洲南部、东部和中部，是一种壮观的槭树，现已被广泛引进并移植到其他地方。它是一种遮阴树，易于繁衍，这给它带来了一些问题，尤其是它的落叶往往会形成一团湿滑的糊状，容易导致道路、公路和铁路出现交通事故。西克莫亦结出翅果，翅果是各种儿童游戏的灵感来源，其苍白、细纹、无味的木材非常适合雕刻和制作厨房用具。此外，它对蚜虫有着巨大吸引力，意味着在被引进地区它对昆虫的数量甚至是多样性做出了巨大贡献。

西克莫是一种优雅而有特色的树，生长在相对湿润的温带气候中。

巴斯克牧羊人的雕刻

美国

牧羊人的生活通常是孤独的，尤其是在远离家乡的世界另一端工作时更是如此，就像19世纪末20世纪初，数百名巴斯克人离开他们的家乡欧洲比利牛斯山前往美国加利福尼亚和俄勒冈。他们中的许多人养成了在白杨树光滑的树皮上写字或涂鸦的习惯，留下的痕迹随着时间的推移而变黑或膨胀。目前已有2万多幅这样的树木文字被记录下来，记录它们已成为当务之急，因为它们所在的树木现在正因年老而死亡。许多作品描绘了女人，反映了牧羊人生活中的孤独、无聊和被剥夺的感觉。

图中白杨树干上的雕刻，反映了20世纪初在美国俄勒冈州斯特恩斯山脉工作的一位不知名的巴斯克牧羊人的渴望。

皮兰吉腰果树
巴西

这片由叶子组成的绿色海洋都属于一棵树——世界上最大的腰果树。

沿着巴西北皮兰吉（Pirangi do Norte）的圣塞巴斯蒂安（São Sebastião）大道向东南行驶，你可能会以为自己正经过一片茂密的灌木丛。实际上几乎整个街区，面积为9.5万平方英尺（约8826平方米）的区域被一片腰果树林所覆盖。原始的腰果树有不同寻常的蔓延生长形态，它下部的枝条与地面接触后就长出了自己的根，从而能够继续向外生长。每棵树的产量很高，每年结大约8万个果实，每个肉质果实里都有大家熟悉的腰果。因为没有果壳，所以严格来说，腰果是一种种子。

红河桉树
赤桉

巨大的红河桉树排列在澳大利亚新南威尔士州内陆达令河的一条干涸的支流上。

红河桉树苍白而巧妙剥落的树皮，使它成为澳大利亚内陆的标志，也是当地生态的基石。该树种形成小树林是周期性洪水的标志，或者附近可能有地下水，红河桉树通常与泛滥平原和干涸的河流联系在一起，在那里它们的根能够汲取很少出现在地面上的地下水。它的树枝和洞穴为从负鼠到鹦鹉等多种生物提供了住所，它的腐烂的叶子让土壤变得肥沃，它的根可以稳定河岸，固定住肥沃的淤泥，并为幼鱼提供庇护。

气生根

在数百根气生根的帮助下，这棵年轻而充满活力的榕树很快就能战胜它早年借来支撑的宿主树。

气生根是指它的全部或部分长度在空气当中而不是土壤或水的根系。气生根通常是不定根，这意味着它们从植物的非根部分发芽。有些树最初是附生植物，生长在其他植物的表面，比如榕树或无花果树，气生根落到地面，最终形成树干的支撑物。

沙贾拉特-哈亚特（生命之树）

巴林

生命之树之所以呈现出新鲜的绿色，其秘密在于它巨大的根系，它的根系可以伸入沙土中至少165英尺（约50米）深。

每年都有成千上万的游客来到巴林岛的最高点杜汉山（烟雾之山）。他们来这里，不仅为了欣赏风景，主要为了看看这棵加夫树（Ghaf tree，属于牧豆树）。这棵树有32英尺（约9.7米）高，略微地向四周蔓延，已经生长了400多年。这棵树之所以与众不同，不是因为它的年龄或身高，而是因为它的与世隔绝和在每年很少下雨的沙漠中孤独生存的能力。当地传说认为这是伊甸园的遗迹，最近的考古调查发现了陶器和其他工艺品，可以追溯到500年前，这表明附近存在遗址，这棵树可能是因为遗址的存在而人工栽培的。

右图：旺加里·马塔伊因其对可持续发展和民主的贡献而于2004年获得诺贝尔和平奖。

另一侧顶部：土耳其加里波利的第一次世界大战澳新军团公墓内有一棵孤零零的土耳其松树。

另一侧的底部：威廉·莫里斯设计的柳枝背景壁纸。

"当我们种树的时候，
我们播下了和平和希望的种子。"

肯尼亚政治和环境活动家旺加里·马塔伊（Wangarĩ Maathai，1940—2011）

7月13日

孤松

土耳其

孤松战役是第一次世界大战期间澳大利亚和新西兰军团（合称澳新军团）参与的最重要战役之一，是他们在土耳其加里波利半岛对抗奥斯曼帝国长达一年之久的战役的一部分。这场战斗以一棵土耳其松树（卡拉里亚松）命名，这棵松树在战斗开始时就矗立在那里，其他的松树都被砍伐，用作修建土耳其战壕的建筑材料。

7月14日

柳枝背景壁纸

威廉·莫里斯（William Morris，1887）

柳枝背景壁纸是一种经久不衰、广受欢迎的壁纸设计方案，由英国19世纪设计师、作家和社会活动家威廉·莫里斯设计。据说它的灵感来自在牛津郡布斯科特洛克附近泰晤士河上游的岸边垂柳。这里靠近凯尔姆斯科特村，莫里斯自1871年在村子里居住，直到1896年去世。

7月15日

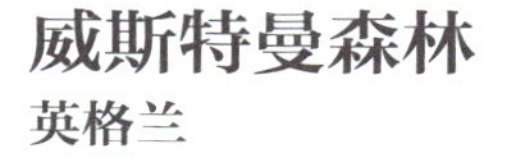

威斯特曼森林
英格兰

威斯特曼森林位于英国德文郡的达特穆尔高原，以其古老、干枯的树林而闻名，尤其是矮小的无柄橡树，其生长受海拔和暴露程度的限制。树木、岩石和树林内外的其他表面都被苔藓、地衣和蕨类植物覆盖着，这些植物体现出此地有清新的空气和充沛的降雨，给这片风景增添了神秘的色彩。

在威斯特曼森林的岩石山坡上，无柄的橡树缓慢而坚定地生长着，它低矮、扭曲的形态经得起刺骨的寒风。

舍伍德森林

英格兰

在罗宾·汉传说的一些版本中提到的林肯绿色衣服是用两种植物染料分两步制成的：蓝色染料，来自芥末科的一种草本植物；还有黄木樨草，用染料木制作而成。

在英国，曾经广阔而古老的舍伍德森林是一个真实的地方，但它的名声很大程度上归功于一个传说中的亡命之徒。他可能从未存在过，但这并不能阻止每年成千上万的游客前往该森林。现代版的侠盗罗宾·汉（罗宾·汉武艺出众、机智勇敢，仇视官吏和教士，是一位劫富济贫、行侠仗义的绿林英雄。传说他住在舍伍德森林）似乎是人物和寓言的混合体，但他早在13世纪就已是民间传说中的英雄了，当时舍伍德森林覆盖了诺丁汉郡四分之一的土地，并延伸到了德比郡。其他早期的参考资料显示，罗宾·汉住在约克郡或英格尔伍德森林，即现在的坎布里亚郡。但与林地的联系是一致的——事实上，在一些可以追溯到16世纪和17世纪的故事中亡命之徒的名字不是罗宾·汉（Robin Hood），而是罗宾·伍德（Robin Wood）。

百夫长

（澳大利亚）塔斯马尼亚岛

澳大利亚山灰树（利亚桉树）是世界上最高的树种之一。塔斯马尼亚岛阿维山谷（Arve Valley）的一种被称为“百夫长”（Centurion）的植物，与婆罗洲的一种黄色莫兰蒂（moranti）争夺世界上最高的开花植物的头衔（见第39页）。测量树木高度最精确的方法是，攀登者从树顶扔下一根胶带：上一次在“百夫长”上进行这种不稳定的操作是在2016年，测量高度为327英尺（约99.67米）。两年后，用激光从地面测量的结果显示，它的高度为约330英尺（约100.5米）。这个测量的差异不太可能反映出树木真正突飞猛进式的增高，但树木名字暗示其高度为百米，即约328英尺，对比之前测量数据，新结果令人满意。2019年山谷曾发生火灾，树干的底部被大火部分掏空，但“百夫长”似乎对这次破坏应对得很好。

澳大利亚山灰树是一种桉树，也被称为塔斯马尼亚橡树、沼泽桉树（swamp gum）和多纤维桉树（stringy gum）。

上帝的雪松森林
黎巴嫩

上图：卡迪莎的瓦迪“圣谷”和上帝的雪松森林。

右上：怪兽巨石公园，在当地被称为圣木（Bosco Sacro，意为圣林），位于意大利维特博的博马尔佐。

右下：英国林肯郡的鲍索普橡树。

黎巴嫩北部的山脉曾经被广泛的森林覆盖，在有记载的历史开始之前，这些山脉的树木就已经受到了人们的崇敬（见第139页）和开发利用。这里的雪松是3000年前腓尼基人进行首次航海和发展海上贸易文明的原材料。虽然原本种植了更多的雪松，但在卜舍里（Bsharri）地区的卡迪莎（Qadisha）山谷中，仅存有一片海拔6500英尺（约2000米）的原始森林。1998年，该山谷被联合国教科文组织列为世界遗产。

百夫长

（澳大利亚）塔斯马尼亚岛

澳大利亚山灰树（利亚桉树）是世界上最高的树种之一。塔斯马尼亚岛阿维山谷（Arve Valley）的一种被称为“百夫长”（Centurion）的植物，与婆罗洲的一种黄色莫兰蒂（moranti）争夺世界上最高的开花植物的头衔（见第39页）。测量树木高度最精确的方法是，攀登者从树顶扔下一根胶带：上一次在“百夫长”上进行这种不稳定的操作是在2016年，测量高度为327英尺（约99.67米）。两年后，用激光从地面测量的结果显示，它的高度为约330英尺（约100.5米）。这个测量的差异不太可能反映出树木真正突飞猛进式的增高，但树木名字暗示其高度为百米，即约328英尺，对比之前测量数据，新结果令人满意。2019年山谷曾发生火灾，树干的底部被大火部分掏空，但“百夫长”似乎对这次破坏应对得很好。

澳大利亚山灰树是一种桉树，也被称为塔斯马尼亚橡树、沼泽桉树（swamp gum）和多纤维桉树（stringy gum）。

神圣树林

古罗马

罗马术语lucus（复数luci，音译为“路奇”）指的是一类具有特殊宗教意义的林地。路奇以神圣的小树林或空地的形式出现，通常以特殊的树木和泉水为特色。它们是庆祝、交流和祭祀的场所。有翔实记载的例子包括埃特鲁里亚的卢库斯·费罗尼亚（现拉齐奥的卡佩纳）和卢库斯·皮萨伦斯（现亚得里亚海的佩萨罗市）。7月19日和20日，卢卡利亚节就在这样的树林里举行。

7月20日

鲍索普橡树

英格兰

鲍索普橡树位于英国林肯郡伯恩附近，是几种被认为有1000年以上历史的有花梗栎树之一，它的周长为40英尺（12.3米），也是最大的橡树之一。它在北半球温带开放栖息地中生长，在这里树干朝南倾斜，因而受到自然航海家的欢迎。树干空腔可以用作新颖的餐厅和鸡舍。

上帝的雪松森林

黎巴嫩

上图：卡迪莎的瓦迪“圣谷”和上帝的雪松森林。

右上：怪兽巨石公园，在当地被称为圣木（Bosco Sacro，意为圣林），位于意大利维特博的博马尔佐。

右下：英国林肯郡的鲍索普橡树。

黎巴嫩北部的山脉曾经被广泛的森林覆盖，在有记载的历史开始之前，这些山脉的树木就已经受到了人们的崇敬（见第139页）和开发利用。这里的雪松是3000年前腓尼基人进行首次航海和发展海上贸易文明的原材料。虽然原本种植了更多的雪松，但在卜舍里（Bsharri）地区的卡迪莎（Qadisha）山谷中，仅存有一片海拔6500英尺（约2000米）的原始森林。1998年，该山谷被联合国教科文组织列为世界遗产。

安斯顿石头森林

詹姆斯·布伦特（James Brunt，2021）

在自然产生的空隙中，简单放置树枝可以使腐烂的木材发生巨大的变化。詹姆斯·布伦特说："在2019新型冠状病毒性肺炎大流行期间创作这幅作品，给了我一种憧憬天空的希望。"

新型冠状病毒性肺炎大流行期间，英国大地艺术家詹姆斯·布伦特在距离位于谢菲尔德的家几步之遥的林地中创作了这幅作品。他说："在封控期间，这是我常锻炼、遛狗和进行创造性逃避的地方——这些不太有人经过的路径让我找到安静的空间停下来玩耍，我开始深入了解森林。在那里花了这么多时间，我真正关注的是我与空间的关系，我开始越来越多地注意到生命、死亡和衰退的过程。我被倒在地上的倒立的树根和老树桩所吸引，随着时间的推移，它们在林地的地面上形成了有趣的雕塑形式。"

蒂曼玛·玛里玛努（蒂曼玛的榕树）

印度

蒂曼玛·玛里玛努是印度众多著名的神圣榕树之一，也是世界上树冠面积最大的树木之一。

乍一看，印度安得拉邦卡迪里附近的蒂曼玛·玛里玛努（Thimmamma marmanu）更像一片小森林，其实它是一棵榕树，面积超过1.9万平方米，它是以一位名叫蒂曼玛（thimmma）的泰卢固女子的名字命名的，她于1433年在她死去的丈夫的葬礼上自焚。

柚木

印度艾哈迈达巴德的什莉·斯瓦米纳拉扬（Shree Swaminarayan）寺庙的装饰拱门是由缅甸柚木制成的。

柚木是原产于南亚和东南亚的一种热带硬木，在其他地方被广泛引进种植，如已被引入许多热带非洲国家和加勒比海地区。木材呈淡黄至浓郁的黄色，纹理紧密，强度高。它也因天然的抗腐和抗虫害性而备受重视，适合于建筑、家具和造船。已知的两棵最大的样本，都生长在缅甸实皆省的欧图（Au Tuu）森林保护区的偏远地区，周长都超过26英尺（约8米）。

活树根桥

印度

印度东北部梅加拉亚邦卡西部落用橡皮树的根，建成双层活树根桥。

在印度东北部梅加拉亚邦（Meghalaya）和那加兰邦（Nagaland）南部，小而湍急的河流蜿蜒流过多山、森林茂密的地区，这对居住在那里的人们出行来说是一个重大障碍。桥梁是显而易见的解决方案，然而卡西人和杰因蒂亚人建造的桥结构是独特的。它们是由天然生长在河岸陡峭上的橡皮树（桑科榕属常绿大乔木）的根形成的。因为树根是活着的树木的一部分，一旦它们被诱导到另一边，它们就会深深扎根，并且它们创建的桥梁是灵活的，会自我强化和自我更新，可能会持续数百年。

约书亚树
短叶丝兰

2017年，在法国巴黎法兰西体育场举行的“U2：约书亚树30周年”巡演中，U2乐队在巨大的短叶丝兰剪影下表演。

约书亚树是丝兰的一种，原产于美国西南部和墨西哥的沙漠中。在美国莫哈韦沙漠（Mojave Desert），它尖尖的形状在稀疏的植被中特别突出。其西班牙语名字izote de desierto意为“沙漠的匕首”，表现了叶子的坚硬和锋利。

1987年，爱尔兰摇滚乐队U2发行了一张专辑，以这一树种命名，对他们来说，它代表了一种文化和情感沙漠化的感觉。这棵孤零零的树生长在美国加利福尼亚州达尔文市附近，2000年它倒下了。现场有一块非官方的牌匾，上面写着：“你找到你要找的东西了吗?”

7月27日

爱尔兰树字母表

凯蒂·霍尔滕（Katie Holten，2015）

爱尔兰艺术家和活动家凯蒂·霍尔滕创造了树状字母，作为一种超越人类已有交流方式的新手段。字体的灵感部分来自爱尔兰中世纪的欧甘文字树（见第67页），因为她是在那里长大的。

你可以说欧甘语是我的原始语言，我的“乌尔字母”。直到今年春天我开始画欧甘文字，我才意识到它是多么具有生物性。不像我们的英语，从左到右，并在页面上展开。你读欧甘文字，就像爬上一棵树，从地面向上。

选自《新兴杂志》（*Emergence Magazine*）

爱尔兰树字母表具有本地树种独特的轮廓，所以单词变成了灌木林，句子像森林一样涌现出来。

D
E
F
G
J
K
L
M
N
Q
R
S
T
W
X
Y
Z

李树

李属植物

维多利亚李子品种自育而高产，其果实在9月成熟，从金色变为粉红色，再到深紫红色。

选择性的育种和栽培增加了李树这一树种的自然多样性，从而产生了多种颜色、大小和口味均不同的果实，它们有不同的名称：蓝黑色的西洋李子、蜜糖青李子、粉色和金色的维多利亚果，以及黑色或绿色的酸李子。在野外，李子树通常会恢复成带刺的生长形态，这表明它们与黑刺李和樱桃李的密切关系。

树根

文森特·梵·高（1890）

一张关于法国瓦兹河畔奥维尔村多比尼街的明信片揭示了梵·高创作最后一幅杰作的位置。

2020年，一张在一个多世纪前打印的黑白照片被发现了，这有助于确定梵·高于1890年7月29日在瓦兹河畔奥维尔村绘制他最后一幅杰作的确切位置。这幅画描绘了在陡峭的路边斜坡，树根裸露在外，树干扭曲，其中一些景象至今仍在。这幅画令人心酸，因为光线表明它是在下午完成的，就在画家去世前几个小时。人们很难将表现生机盎然的画作与导致梵·高当晚自杀的痛苦联系起来，很难不去思考，如果当时人们像现在这样理解精神疾病，情况会不会好一些。

堡垒上的林登树

阿尔布雷希特·丢勒（Albrecht Dürer，1494年版）

500多年后，丢勒的这幅树的肖像优雅而清新，走在了时代的前沿。

值得注意的是，这幅拥有500多年历史的古树肖像，可能在最近被临摹。德国画家阿尔布雷特·丢勒对大自然的自然主义和科学的方法在当时是革命性的，并且与现代植物学和动物学的诞生相吻合，对植物和动物的观察开始依照动植物自己的方式进行。以前对树的表现形式主要是象征性的，而丢勒的林登树可能会被误认为现代野外指南中的插图。

原生的爱尔兰紫杉

北爱尔兰

佛罗伦斯宫紫杉以其整齐的柱状形式，成了爱整洁的园丁的最爱。

爱尔兰紫杉（欧洲红豆杉）是一种广受欢迎的观赏树，在世界各地广泛种植，因其直立、多茎生长而受到推崇，这与标准紫杉的更广泛形式不同。这个雌性原生样本生长在英国北爱尔兰恩尼斯基林附近的佛罗伦斯宫里。世界各地的花园、公园和教堂院落里生长着数百万株爱尔兰紫杉，每一株都是这种树的克隆体，而且都是插枝生长的而不是播种生长的。这株佛罗伦斯宫紫杉木已经250岁了，而且经常被修剪，看起来有点破旧，但它健康状况良好，应该还能再活几个世纪。

灯塔树

科尼斯顿湖上的皮尔岛是阿瑟·兰瑟姆的“野猫岛”的灵感来源。一棵取代原来灯塔树的苏格兰松树很快出现在它邻居的树冠上。

在英国作家阿瑟·兰瑟姆（Arthur Ransome）的经典小说《燕子号与亚马孙号》（1930）中虚构的野猫岛，孩子们在瞭望台用一棵高大的苏格兰松树升起一盏灯笼。将绳索悬挂在高高的树枝上的任务落到了约翰·沃克（John Walker）的身上，他是燕子号家族中年龄最大的成员。对任何熟悉该树种典型的粗糙树皮和易被刮伤的树枝的人来说，他的攀登经历很真实。

“最困难的时刻是当他不得不经过一个地方的时候，那里从前有一根树枝。在树枝原来的地方，几乎总有一块尖利的东西伸出来。他的胳膊很容易穿过这些突出的东西，但用腿踩上去就不那么容易了。它们结实得难以处理，但不足以作为立足点。”

谢尔曼将军树
美国

世界上现存的体积最大的树是一棵巨大的红杉，生长在美国加利福尼亚州红杉国家公园的巨型森林里。它是以美国内战时期将军威廉·谢尔曼（William Sherman）的名字命名的。它有着令人难以置信的尺寸：高度为275英尺（约83.8米）；底部周长103英尺（约31.3米）；底部直径36½英尺（约11.1米）；胸高的直径（树围的标准度量单位）为25¼英尺（约7.7米）；估计木材量53 000立方英尺（约1500立方米）；估计总重量约为2000吨。

对于“最大树木”称号，还有几棵树可以与谢尔曼将军树竞争，其中一些生长在红杉国家公园附近，可能在未来几年超过谢尔曼将军树。

普通菩提树或椴树

欧洲椴木

欧洲椴木，通常被称为椴树或普通菩提树，是维多利亚时代经常种植在公园里的植物。

普通菩提树（在英国或称为椴树），它是大叶树种和小叶树种的天然杂交品种（分别见第277页和第361页），是一种不常见的野生林地树种。它被广泛种植在世界各地的街道和公园里。像其他的欧洲椴木一样，这个物种有心形的叶子，在它们的基部略微倾斜。叶下侧叶脉间角处的白毛，将普通欧洲椴木与该属中的其他欧洲椴木区分开来。再看看树皮，它是脊状的，而不是光滑的。它经常长出大的毛刺，和小叶子的椴树一样，你会经常看到一簇簇的细枝或吸盘，在它的基部发芽。它深受蚜虫的喜爱，盛夏时节，它的花朵吸引着授粉昆虫，整棵树都好像在嗡嗡作响。

有花序梗的，普通的或英国橡树

英国栎

普通橡树的深裂树皮，即使在冬季橡树脱落独特的短柄、裂叶时，也很容易辨认。

也许是欧洲最受喜爱和欢庆的树，这棵长寿的普通橡树被广泛认为是国家和地区的象征，也是无数企业、慈善机构、社区团体和机构的象征。通过对比叶茎，人们很容易将它与类似的无柄橡树（栎树）区别开来。无柄橡树（见第81页）的叶子茎很长，普通橡树的茎很短。橡树的学名（栎树）来源于其珍贵木材的强度。在它土生土长的地方，这种典型的橡树孕育了惊人的多样生物——通过对英国林地中个体样本的生态调查发现，每棵树有超过400种昆虫。

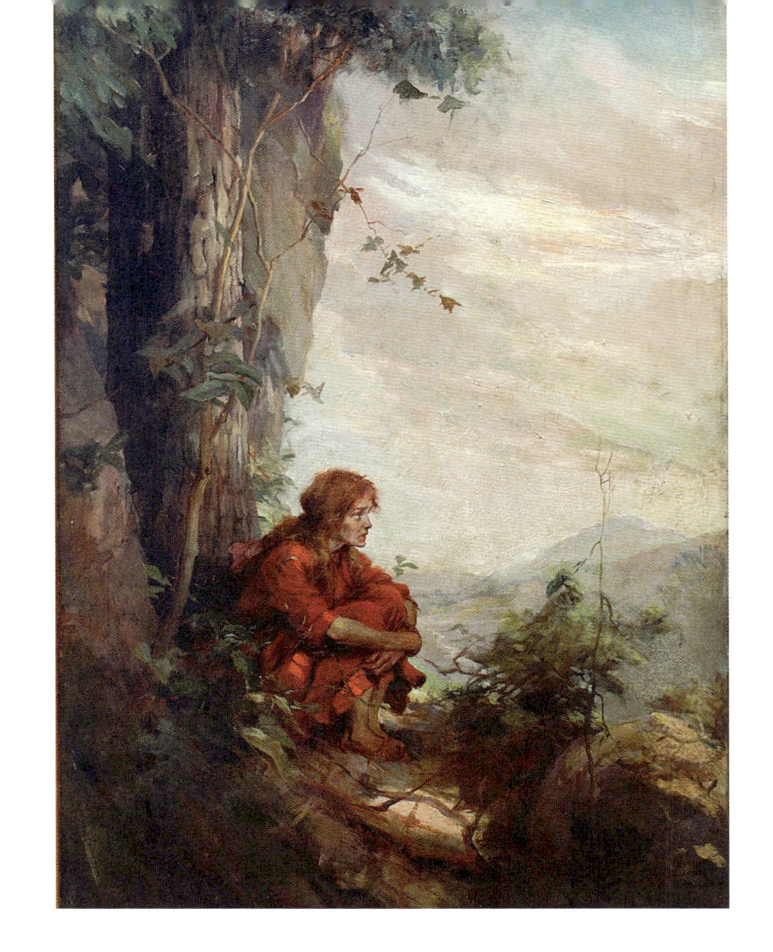

孤松林径

“她以前从未到过那里……”这是约翰·福克斯经典小说中的一幕，由弗雷德里克·科夫伊·约恩（Frederick Coffay Yohn）绘制，描绘了小说的女主角琼·托利佛（June Tolliver）。

《孤松林径》原是美国作家约翰·福克斯（John Fox）创作的一部小说，故事发生在阿巴拉契亚山脉，讲述了家族不和及一对不幸恋人的故事。它于1908年出版，后来成为一部成功的舞台剧和电影，但最让人印象深刻的可能是1913年受它启发创作的歌曲，由劳蕾尔和哈代在1937年的电影《西部之路》中演唱。

“在弗吉尼亚州的蓝岭山脉，在孤独的松树小径上——在苍白的月光下，我们的心纠缠在一起，在那里，她刻着她的名字，我刻着我的名字；哦，六月，我像群山一样蔚蓝——像松树一样我为你感到寂寞，在弗吉尼亚州的蓝岭山脉，在孤独的松树小径上。”

选自巴拉德·麦克唐纳（Ballard Macdonald）和哈利·卡罗尔（Harry Carroll）的《孤松林径》（1913）

核爆炸中幸存的莫科树（广岛幸存树）
日本

美国军方档案中的一张令人不寒而栗的照片展示了1945年广岛在原子弹爆炸后的景象。值得注意的是，中央爆炸区有170棵树幸存下来。

1945年8月6日清晨，美国空军在日本广岛上空投下的一颗原子弹。据估计，爆炸当天该市有14万人死亡，之后死亡人数更多，震中半径1¼英里（约2千米）以内的几乎所有生物都被烧成灰烬。不知何故，在爆炸发生后的几个月里，爆炸区大约170棵树烧焦的茎上冒出了新芽，其中许多树至今仍存活着。一个名为“广岛绿色遗产”的小组织用这些非凡的母树种子培育树苗，并将它们作为和平与希望的象征赠送给世界各地遭受自然灾害的地方和有核国家。正如“绿色遗产”联合创始人渡边知子（Watanabe Tomoko）所说：“树木有一种神奇的力量，能告诉每个人他们需要听到的东西。”

加里多尼亚“奶奶松”
苏格兰

一棵古老的苏格兰松树挺立在苏格兰凯恩戈姆国家公园的格伦莫尔加里多尼亚森林中。

苏格兰的原生森林曾经覆盖了高地的大片区域，从谷底到海拔650米。高地上分布着相当稀疏的苏格兰松和杜松，上面覆盖着寻石楠；低地分布着各种阔叶植物——橡树、桦树、花楸树和冬青，还有大量的蕨类植物、苔藓、地衣和北方野花。在整个19世纪和20世纪，真正古老的加里多尼亚森林变得难以置信地稀少，而真正的古松被称为“奶奶松”，通常只生存在人迹罕至的峭壁上，那里没有啃青的羊或鹿。有些地区正在制订恢复计划，用篱笆作为保护树木再生的关键措施。

克罗夫特城堡栗子树
英格兰

一个关于克罗夫特城堡栗子树的有趣但未经证实的故事说，这些栗子树是用从西班牙无敌舰队失事船只上打捞出来的坚果种植而成的。

在英国赫里福德郡莱明斯特附近的克罗夫特城堡（Croft Castle），这条种植着巨大的西班牙栗子或甜栗子（Castanea sativa）的大道可以追溯到1580～1680年。在1588年8月8日，西班牙无敌舰队在法国海岸附近的格拉夫林斯海战中，败给了英国，英国舰队可能从西班牙无敌舰队那里掠夺了坚果（栗子）。

绳文杉
日本

日本最古老的树是一种生长缓慢的柳杉树，它缓慢而稳定的生长，已达到了不朽的年龄。

这种古老的日本雪松（日本柳杉）生长在日本南部的一个小岛——屋久岛，该地区被联合国教科文组织列为世界文化遗产和生物圈保护区。这棵树于20世纪60年代被发现，促使当局决定保护岛上原始森林。在林业术语中，原始森林意味着它们从未被砍伐过。绳文杉指的是它大约诞生在公元前1000年左右的日本史前绳文时代，该时代与欧洲的新石器时代和青铜时代大致同时代，而对树枝样本的年轮分析表明，这棵树的年龄远远超过2000岁。

澳大利亚猴面包树

格雷戈里猴面包树

一张来自澳大利亚的旧邮票，描绘了澳大利亚猴面包树。

澳大利亚的猴面包树有着矮而宽的，如同大象一样笨重的树干和松软的木材，它与近亲非洲猴面包树都是非洲的树种。虽然其他的生物亲缘关系（如澳大利亚和南美洲有袋类动物）可以用南部大陆曾经同在一块名为冈瓦纳（Gondwana）的陆地上的事实来解释，但澳大利亚猴面包树和非洲的猴面包树的关系太密切了，不可能属于这种情况。最近的研究表明，澳大利亚猴面包树实际上是一个相对较新的树种，这引发了一种新的理论，认为它可能是由早期人类带离非洲的，他们把它视为食物和材料的来源。在接受《澳大利亚地理》杂志采访时，澳大利亚教授杰克·佩蒂格鲁（Jack Pettigrew）说："如果你是移民，你会想，'我要在口袋里放什么？'那很可能是猴面包树的种子。"

温德汉姆监狱树（希尔格罗夫监狱）

澳大利亚

根据20世纪30年代和40年代当地报纸的报道，这种生长在西澳大利亚州温德姆市外的大型猴面包树（格雷戈里猴面包树）的空心树干在19世纪90年代被用作关押被带到镇上接受审判的原住民囚犯的监狱。“牢房”是从树干上的开口进入的，可以容纳几个人。“希尔格罗夫警察局”（Hillgrove Police Station）这几个字曾被刻在树皮上，但由于腐烂和被覆盖，这些字已经消失了。虽然树木在历史上确实被广泛用于锁住囚犯，但没有当代记载表明希尔格罗夫监狱真的曾被用作监狱，1905年一份关于该地区原住民囚犯遭受虐待的报告中也没有提到它。一些历史学家认为这个故事是为游客编造的。

温德汉姆猴面包监狱树，靠近澳大利亚西部的温德汉姆。

原住民疤痕树

澳大利亚

澳大利亚所谓的“伤疤树”是指由原住民工匠去除部分树皮而产生的具有独特标记的活树和死树。有些伤疤已经存在了数百年。有些树也有斧头的痕迹，用来切割树皮的形状，然后小心地将树皮整块整块地从树上撬下来。疤痕的大小取决于树皮的用途：小的椭圆形被切成装传统凉拌菜和用于运输的容器；中型的可能用作盾牌；而最大的树皮则制成了树皮独木舟的外壳。其他的标记则是出于精神或仪式上的原因。事实上，这些树木在伤痕累累的几个世纪后仍能存活，这证明了树木的适应力，也证明了人们由于懂得可持续发展的道理而表现出的克制。

桉树上有一条长长的疤痕，那是很久以前剥去的一大块树皮留下的。树皮被整片拿走了，也许是用来做独木舟的。

8月13日

老吉科
（世界上最古老的树）
瑞典

经放射性碳测定，世界上最古老的挪威云杉的根系已有9562年的历史，这棵云杉一定是上个冰河时代末最早在该地区生长的云杉之一。这棵云杉的可见部分，高16.5英尺（约5米）的细长树干要年轻得多，但仍然吸引着源源不断的游客前往位于瑞典达拉那省的福路耶勒特山（Fulufjället Mountain）。如同潘多（Pando，见第239页）一样，老吉科也是一棵无性繁殖的树——树干生长然后凋落，但根系会存活下来，继续支持新的树干。

老吉科的单茎，从令人惊讶的古老的根上发芽，在瑞典福路耶勒特国家公园稀疏的高原上耸立着。

波士顿自由树

美国

一幅19世纪的版画描绘美国波士顿民众在自由树周围聚集抗议印花税法。邮票经纪人安德鲁·奥利弗（Andrew Oliver）的肖像被套上绞索，悬挂在树枝上。

1765年8月14日，一群人聚集在美国马萨诸塞州波士顿公园的一棵大榆树下，抗议英国政府通过《印花税法案》对他们征收新税。这是美国人第一次公开反抗英王。该法案被废除后，反抗活动仍在继续，集会经常集中于树（自由树）旁，树周围的地区被称为自由大厅。1775年美国独立战争爆发时，波士顿被包围，这棵树被英国人砍倒，英国人得到了仍然效忠英国的殖民者的帮助。在独立后的几个世纪里，自由树遗址变得相对默默无闻，直到2018年创建了一个新的广场，有一座纪念碑和一棵新栽的榆树。

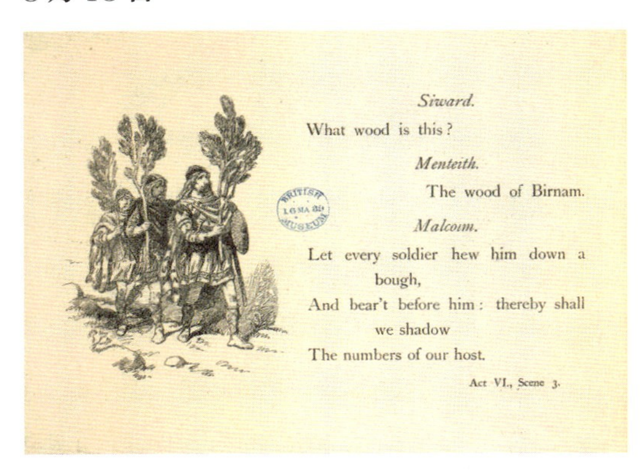

伯纳姆橡树

苏格兰

柏斯–金罗斯的伯南橡树现在用拐杖支撑着它展开的树枝，以防止其大空树干分裂，它被认为是这类橡树（无柄橡树、无梗花栎）中唯一存活下来的，而它所在区域曾经是一片广阔的森林。它被认为已经有500多年的历史，1599年，威廉·莎士比亚（William Shakespeare）在该地区游览时，获得了他的黑暗悲剧“苏格兰戏剧”的灵感。精神错乱越来越严重的麦克白相信自己是无敌的，因为女巫的预言说他是安全的，直到伯纳姆森林（Birnam Wood）迫近他的城堡——几英里外的邓斯纳恩（麦克白城堡的所在地）：

上图：亨利·欧文（Henry Irving）的纪念插图。这是1888年在伦敦文学院剧院上演的《麦克白》的一部分。

右图：苏格兰佩思郡敦克尔德市伯纳姆镇的伯纳姆橡树。

> 第三个女巫：要像雄狮一样勇敢、高傲，
> 不要担忧谁愤怒，谁烦恼，或者阴谋策划者在哪。
> 除非有一天，伟大的伯纳姆树林跑到邓斯纳恩山上去对抗他，
> 麦克白永远不会被征服。
>
> 麦克白：那将不可能会发生，谁能驱使树林，
> 命令他们松动其与土地相连的树根呢？
> 叫它从泥土之中拔起它的深根来呢？幸运的预兆，好！
> 伯纳姆树林不会移动，叛徒举事也不会成功，
> 我们位高权重的麦克白
> 将要安享天年，
> 在他寿终正寝时候奄然物化。

选自威廉·莎士比亚的《麦克白》第四场第一幕（1606）

但当麦克白的敌人马尔科姆和麦克德夫通过伯纳姆树林时，他们命令士兵从树上砍下树枝作为伪装。因此，树林确实来到了邓斯纳恩，随着麦克白失去王位和头颅，预言应验了。

现实生活中的麦克白与莎士比亚笔下的人物几乎没有相似之处。他在11世纪统治苏格兰，当时的描述称他勇敢而慷慨。他于1057年8月15日去世。

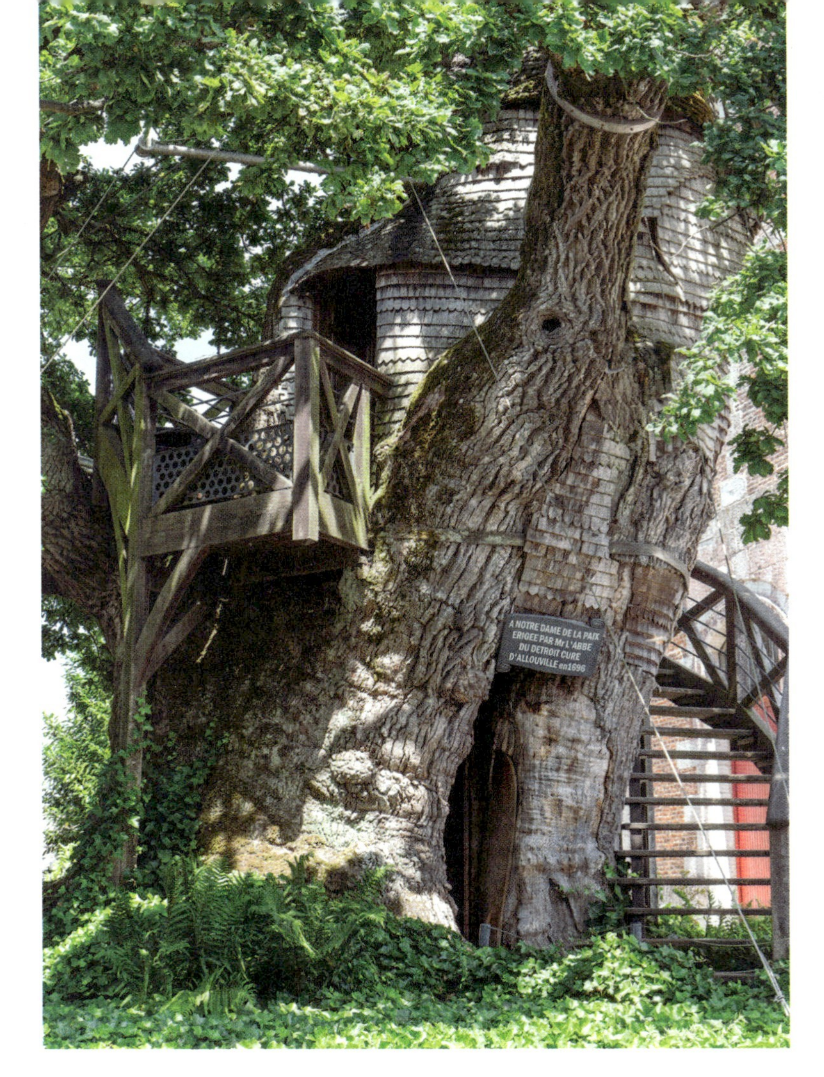

右图：这座童话般的两层树屋，实际上是在一棵巨大而古老的橡树的空心树干上建造的一对小礼拜堂。

另侧上：全球树木密度图。

另侧下：彩虹桉树的树皮色彩鲜艳，你可能会以为这是喷绘而成的。

礼拜堂橡树

法国

生长在法国诺曼底阿卢维尔–贝勒弗斯村的有梗橡树（栎属）被认为是法国最古老的橡树。当地的传说称，1035年威廉继承了诺曼底公爵之位，称为诺曼底的威廉（William of Mormandy）。31年后的1066年，诺曼底的威廉在黑斯廷斯击败了撒克逊人哈罗德·戈文森（Saxon Harold Godwinson），登上了英格兰的王位，称为威廉一世。即使传说不完全正确，这棵树至少也有800年的历史。这棵树的巨大树干在17世纪被闪电击中烧空，随后被改造成一个圣殿，后来又加盖上一座塔和作为通道的楼梯，于是圣殿有了两个小礼拜堂。这里每年举行两次弥撒。

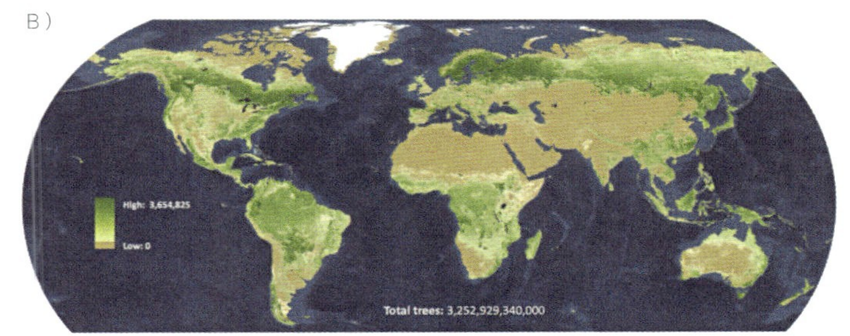

8月17日

树的地图

2015年，瑞士生态学家托马斯·克劳瑟（Thomas Crowther）和遥感专家亨利·格利克（Henry Glick）参与了一个项目，结合各种数据集，绘制了一幅新的全球树木覆盖地图，这是迄今为止对地球上树木总数做出的最准确的估计。这个数字比之前预想的要多很多，约为3万亿棵，但这还不到人类文明初期树木增长数量的一半。

8月18日

彩虹桉树

棉兰老桉

彩虹桉或称棉兰老桉，是一种桉树，这种桉树的分布很不寻常——它是澳大利亚少有的几种天然植物之一，其热带分布区集中在菲律宾，甚至到达了北半球。此外，作为拥有700多种植物的巨大属（genus）的成员，它是一位雨林专家。这是一种快速生长的树，其高度令人印象深刻，通常高达60米，但它的名声来自其壮观的树皮，树皮呈条状脱落，显现出令人惊叹的色彩条纹。

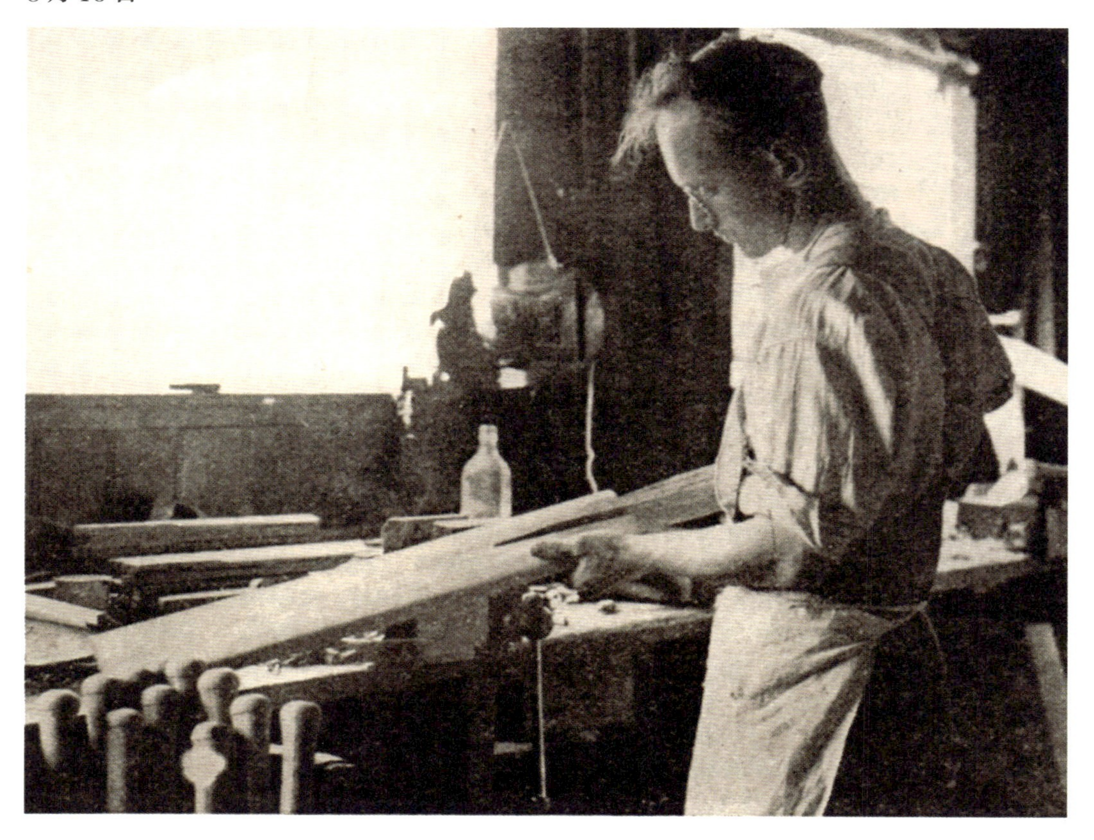

白柳

1932年，在英国苏塞克斯郡的一家小工厂里，一名工匠正在为板球拍安装接头。

最大的柳树因其长而窄的叶子而得名，而叶子的底面是苍白的。如果让它长得很高，白柳树可以长到超过80英尺（约25米），但如果把它砍掉，它的生长速度会非常快，多茎生长，柔韧的枝条被称为柳条，用于盖屋顶和编织篮筐。生长迅速、直树干的亚种白柳变种青色柳是专门为制造板球拍而培育的。浅色的木材纹理笔直，相对较轻，抗凹痕和断裂能力很强。

温带雨林

特鲁普通道位于加拿大不列颠哥伦比亚省沿海的大熊雨林内，其附近的迷雾山脉和森林风景秀丽。

雨林并不局限于热带地区。温带雨林地区的特征是每年降雨量超过3¼英尺（约1米），通常局限于附近有海洋对温度产生温和影响的地区——这些地方很少会变得非常热或非常冷。温带雨林的地面植物通常由苔藓和蕨类植物组成——由于缺乏阳光直射，开花草本植物的多样性和丰富性而受到限制。这里的树本身要么像幼苗和树苗一样耐荫，要么就等着有老树在它们面前倒下，以便它们在这些倒树的空隙里发芽。

图林根森林

爱德华·蒙克（Edvard Munch，1904）

令人痛苦的环境破坏景象显示，德国图林根森林的红土正在流失。

挪威画家爱德华·蒙克的著名画作是《呐喊》（*The Scream*），他在其中视觉再现的绝望咆哮为世人所熟知，他经常用自己的艺术来表达精神上的混乱。他在巴特埃尔格斯堡（Bad Elgersburg）疗养院描绘了附近一个森林最近被砍伐的山谷，他在那里接受令人痛苦的治疗，他可能由于痛苦，感到一声尖叫穿过天地间。图林根山区每年的降水量约为1米，在这张画作中，雨水对贫瘠土壤造成的可怕后果：不受控制的侵蚀、崩塌的河岸和血红色的径流。

埃尔格兰德
澳大利亚

澳大利亚山灰树或沼泽桉树幸存下来了，这些树位于澳大利亚塔斯马尼亚斯的斯梯克斯谷，幸存的还包括南半球最高树，但更大的巨树已经消失了。

这是一个悲伤的故事。埃尔格兰德是一种标志性的山灰树（杏仁桉），其闻名于世的原因是它在塔斯马尼亚州的德温特谷的突出位置和巨大的高度（79米）、周长（19米）和体积（估计为439立方米）。综合这些统计数据，它赢得了世界上最大的被子植物或开花植物的声誉。这棵有着350年历史的巨树没有被砍伐，但在2003年秋天，林业承包商为了处理附近树木的残余物而放火焚烧。大火蔓延到埃尔格兰德树，并将树干作为烟道，大火熊熊燃烧，造成了灾难性的破坏。这场完全可以避免的悲剧震惊了澳大利亚，并使人们对塔斯马尼亚古老森林的不可持续和疏忽的开发行为有了更清晰的认识。

大碗岛的星期天

乔治·修拉（George Seurat，1884）

当时，就像现在一样，19世纪晚期巴黎的城市树木为炎热的夏日提供了丝丝清凉。

法国画家乔治·修拉的新印象派杰作是在一块非常大的画布上作画，因此前景人物的大小与真人差不多。他试图用科学和现实的方式捕捉光、影和色彩，他采用光学原理将纯粹的色彩用小点排列或交错在画面上，让观众用自己的眼睛去调色。无人认为他在塞纳河边创作那些树木或休憩的人是真实的，两者都异常僵硬和过分简单化，但他的画所表现出的光线和温度（从阳光照射区域刺眼的眩光到在凉爽绿荫下感受到的放松），都令人惊讶。

橙子
柑橘

橘子树在温暖、无霜的气候中生长最好，并且依赖定期降雨或灌溉。

这种栽培的甜橙树是两种野生物种的杂交品种，一种是柚子，另一种是柑橘。它现在是世界上种植最广泛的水果，因其酸甜的味道、有益健康的维生素含量以及易于运输和储存而受到人们的青睐。橘树也被作为观赏植物种植，有漂亮、光滑的叶子，艳丽的白色花朵和发光的小珠子般的果实。

佩斯利和圣柏树

伊朗

泪珠形佩斯利图案也被称为“真主之泪”。

流行的佩斯利图案（一种由圆点和曲线组成的华丽纹样，状若水滴）是一种中东设计的变体。泪滴形状来自琐罗亚斯德教（基督教诞生之前在中东最有影响的宗教，是古代波斯帝国的国教，也是中亚等地的宗教）艺术中更为垂直的形式，代表着神圣的柏树，比如克什米尔的柏树。这是从先知琐罗亚斯德（Zoroaster）自天堂带来的树枝上长出来的，种植在伊朗的克什米尔市。861年，阿拉伯帝国阿拔斯王朝哈里发（君主）穆塔瓦基（Al-Mutawakki’alà Allāh）命令砍倒这棵树，并用于建造他在萨马拉的新宫殿，该宫殿一直保留至今。

潘多

美国

美国犹他州著名的颤杨克隆树林也被称为颤杨巨人。

Pando（音译为潘多）在拉丁语中的意思是“我传播”，它被广泛认为是世界上已知的体重最大的生物，估计有6600吨。对于外行人来说，潘多看起来并不是一个单一的实体，而是一片颤杨林。但这大约4万根茎的每一根都来自一个共同的根系，据认为至少有1.4万年的历史，一些极端的估计表明，它可能已经生长了近100万年。虽然北美各地有许多这样的小树林，但美国犹他州的鱼湖（Fishlake）国家森林公园的这片小树林异常大，占地面积超过107英亩（约43公顷）。

云状修剪

云状修剪是远东地区的一种园艺传统，类似于修剪植物，其中树木或灌木根据其自然结构松散地修剪成云状形式。修剪单个树枝时强调它们的分离性，并将其塑造成球状，让人想起花哨的贵宾犬。

在法国的泉水花园，一株高大的被修剪成云朵型的杜松呈现出奇特的样式。

卡拉洛奇树根洞
美国

这棵被称为“生命之树”的树，位于美国华盛顿州的奥林匹克海岸。

美国华盛顿州奥林匹克国家公园的这棵奇特的锡特卡云杉在当地也被称为“生命之树”，现在已经成为一个旅游景点。它生长的悬崖被一条小溪侵蚀了，树悬在那里。游客们惊叹于一棵没有土壤的树能够持续生存的奇迹。但事实是平淡无奇的：树上有很多其他根，一直延伸到悬崖的其余部分，毫无疑问的是一条溪流为它提供了充足的水源，使它能够暴露在外。这个事实丝毫没有为这棵坚韧之树奇迹般的存在减分。

死亡之岛

阿诺德 · 伯克林（Arnold Böcklin，1883）

上图：在伯克林的《死亡之岛》（*Isle of the Dead*，1883）的第三版中，这段阴郁的旅程似乎发生在灰色的黎明光线中。

右上：老雷斯，正如他在2012年环球电影公司的电影中想象的那样。

右下：位于德国巴伐利亚州利希腾费尔斯县附近的伊斯林的伊斯林格（Islinger）舞蹈菩提。

这幅神秘而又令人不安的画作是由阿诺德 · 伯克林创作的，非常受欢迎，他在20多年的时间里多次画了这幅画，但都有细微的不同——重复让它变得令人毛骨悚然，就像一个反复出现的梦。在每一个版本中，一个身穿白衣的人物划船驶向一座堡垒般的岛屿，岛上有茂密的黑色柏树，柏树在基督教和伊斯兰文化中都被视为葬礼树。伯克林本人从来没有提到或解释过这个场景，只是暗示这是他在梦中看到的，但流行的解释是，它代表了一个死去的灵魂被送到某种来生。这个小岛是想象出来的，但在某些方面与地中海的几个小岛很相似，包括意大利西西里岛附近的斯特龙博利岛。

“我是老雷斯。我为树木说话，因为树木没有舌头。”

来自苏斯博士的《老雷斯的故事》（1971）

8月31日

乡村菩提树

北欧

罗马帝国时期，在整个日耳曼土地（现在的德国和斯堪的纳维亚半岛的大部分地区）的定居点，著名的菩提树或酸橙树通常是法律诉讼、庆祝活动和其他社区聚会的焦点。它们被称为*Gerichtsllinde*（法院菩提），*Tanzlinde*（舞蹈菩提）或*Dorflinde*（城镇或村庄菩提）。在基督教传入欧洲之前，菩提树具有宗教意义，被认为是挪威女神芙蕾雅（Freja）的神圣之物。

埃平森林
英格兰

劳顿营是埃平森林的许多史前定居点之一——在这个案例中，这些土方工程是铁器时代的，可能是由当地的凯尔特部落特里诺万特人建造的。

位于英国伦敦郊区的埃平森林（Epping Forest），几千年来一直是一片人烟稠密的景观，在高处修建了防御工事，提供了具有战略意义的景观。它在12世纪被指定为皇家狩猎森林，但仍然为平民提供了一种生活方式，他们在那里觅食、放牧和收集柴火。但它也成为不法之徒和后来的拦路强盗出没的地方，包括臭名昭著的迪克·特平（一名英国的拦路强盗）。

随着维多利亚时代伦敦的发展，对休闲绿地的需求也随之增加，在公共假日，森林吸引了数十万游客。这里非同寻常的受欢迎程度最终促使1878年的《埃平森林法》（*Epping Forest Act*）的建立，这是一项具有里程碑意义的立法，保护该地区不受圈地或私有化的影响，并确保它将永远是公众娱乐的场所。

金合欢

金合欢属植物

上图：这是新南威尔士州典型的澳大利亚景色，桉树林和金合欢盛开。

右图：20世纪70年代初，金合欢图案出现在澳大利亚邮票上。

虽然这棵小树原产于澳大利亚东南部，但是它已经被种植或迁移到其他地方。它通常作为下层植物生长。从植物学上讲，这些“叶子”根本不是叶子，而是被称为叶状柄的扁平的叶茎，但是它们的功能相同。1988年，这棵树被正式指定为澳大利亚国徽的背景图案。澳大利亚国家队官方颜色为绿色和金色，这样的运动颜色是基于金合欢和其他金合欢树种。

9月3日

原生布拉姆利苹果树

英格兰

布拉姆利苹果是世界上最著名和最珍贵的苹果品种之一。这种又大又酸的水果是烹饪的理想选择，被公认为是做馅饼、碎水果和酱料的最佳原料。最初的这种树是由一个叫玛丽·安·布莱斯福德（Mary Ann Brailsford）的女孩于1809年在英国诺丁汉郡的索斯韦尔村的花园里种下的一颗种子长成的。从种子长成的苹果不能“繁殖真苹果”，所以每一个苹果的果实质量都不同。1856年，当时年仅17岁的有抱负的种植者亨利·梅里韦瑟（Henry Merryweather）认可了玛丽·安的苹果树的质量。他剪下几根枝条，创建了第一个布拉姆利果园，并以这个花园的拥有者马修·布拉姆利（Matthew Bramley）的名字为这个品种命名。原来的那棵树现在已经有200多年的历史了，并且由于感染了蜂蜜真菌而处于绝种状态。它目前由诺丁汉特伦特大学的园艺学家照料，目的是尽可能延长它的寿命，同时将枝条嫁接到附近校园的新树上。

培育的苹果采用嫁接栽培，以确保果实品质可复制。

犹太人的椰枣树

现代的椰枣品种一个季节可以结出超过220磅（100千克）的果实。

犹太人的椰枣树是棕榈科的海枣属的一个品种，是古代犹太王国的象征，古犹太王国在此种植了数千年。气候变化和几个世纪的地区动荡造成的破坏导致了中世纪种植的终结，著名的古老品种消失了。然而，在20世纪60年代发掘以色列马萨达希律王宫殿的过程中，人们发现了一个古老的罐子，里面装着保存得非常完好的种子。经放射性碳年代测定法表明，这些种子的年龄在1900～2120岁。2005年，有一小部分种子发芽，其中一棵发芽成树。这棵树被命名为玛士撒拉（Methuselah），2011年它开花了，显示出自己是雄性。死海周围其他地方不太古老的种子已经发芽，一些树苗是雌性的，这为这棵标志性的树提供了再次崛起的可能性，就像与它同名的凤凰一样。

新森林
英格兰

这是新森林一个雾蒙蒙的春天清晨。这片森林是小马、鹿、猪、蛇、蜥蜴和许多其他生物的家园。

英格兰南部的汉普郡新森林公园于2005年被列为国家公园，但它的特殊地位更为悠久，在1079年就被征服者威廉（William The Conqueror）指定为新森林公园（Nova Foresta）。最初意义上的森林是皇家狩猎保护区，主要是为了养鹿。虽然现在大部分地区的景观都是荒地和草原，但这里的林地完全值得拥有这个国家最好的声誉，而且被认为是西欧最大的古树集中地，包括有500年历史的奈特伍德橡树，或称森林女王。

纺锤
卫矛属植物

在纺锤树的五颜六色的果实成熟的同时，它的叶子染上了秋天的颜色，这种效果十分绚丽。

由于其糖果色的果实和对野生动物的巨大价值，纺锤是一种受欢迎的花园树和宝贵的篱笆植物。它的叶子略带光泽，边缘有细小的锯齿，在秋天变成深橙色。花（生长在所有标本上，因为纺锤是雌雄同体的物种）是小和白色的，但果实是大胆的粉红色，并在初秋成熟，露出明亮的橙色种子。纺锤在自然条件下传播缓慢，因此被认为是古代林地的指示物。这个名字的由来是因为它是一种精细的浅色木材，用来制作纺纱用的纺锤，也可以用来制作很好的编织针和短桩。

牛顿的苹果树
英格兰

这棵著名的苹果树生长在艾萨克·牛顿家的花园里，出产的苹果是一种稀有品种，被称为“肯特之花”。

“……为什么苹果总是垂直落地呢?”他坐在那里沉思着，因为有一个苹果掉了下来，他心里想：“为什么它不向旁边掉，也不向上面掉呢？但是掉向地球的中心呢?”

上面是艾萨克·牛顿（Isaac Newton）的朋友威廉·斯蒂克利（William Stukeley）讲述的一个如今广为人知的故事。据说正是这个故事启发了他的朋友牛顿，让牛顿提出了万有引力理论。虽然有好几篇牛顿本人讲述过这个故事，但是这个故事通常被认为是杜撰的。

也许最值得注意的是，在牛顿的家乡英国林肯郡伍尔索普庄园的花园里，有一棵树很可能就是掉下苹果的那棵树，它仍然矗立着，被认为已经有将近400年的历史了，它曾两次倒下，但两次都重新生根发芽，再次茁壮成长。

阿巴尔库柏树

伊朗

柏树被认为是神圣的，不仅因为它常青的叶子看起来很年轻，寿命很长，而且还因为它自然而然的对称性。

这棵古老的地中海柏树生长在伊朗亚兹德的阿巴尔库市，据说已有4500年的历史。一些记载表明，它是由精神领袖琐罗亚斯德（基督教诞生之前在中东最有影响的宗教琐罗亚斯德教的创始人）种下的，尽管不知道他生活的确切时间（估计范围是从公元前5世纪到公元前5000多年）。与其他同年龄的树相比，这棵树最显著的特征或许是它的体型和活力。它高82英尺（约25米），周长37.7英尺（11.5米），枝繁叶茂，非常健康。

矮桦树

在阿拉斯加德纳里国家公园的开阔云杉林里，一头公驼鹿正在啃食矮桦树。

作为高纬度和高海拔地区的专家，低矮的矮桦树在格陵兰岛、冰岛、斯瓦尔巴特群岛以及加拿大北部和欧亚大陆形成了不超过齐腰高的广阔森林。再往南，它被限制在高地上，那里终年凉爽。它的叶子比其他桦树的叶子更圆，坚韧的树枝上有深红褐色的树皮。驯鹿、北美驯鹿、驼鹿和马鹿都在啃食它，动物的啃食进一步降低了它的高度。

树的声音

银桦树光亮的叶子在秋天呈现出热烈的颜色——但听起来怎么样?

“我几乎总能通过风吹拂树叶的声音，知道我在什么树附近。不过，同一棵树，在春天和秋天的情况大不相同，因为树叶会逐渐变得更硬、更干。桦树的声音小而快，音调高；我常常误以为那是真的雨，其实那只是它们自己的叶子互相拍打着，发出一种小雨似的声音。橡树叶的声音也相当高，但比桦树的声音低。栗树的叶子在微风中听起来更从容，像是一种缓慢的滑行。微风中，几乎所有的树木都能发出悦耳的声音。”

英国视障园林设计师格特鲁德·杰基尔（Gertrude Jekyll，1843—1933）

幸存者树

美国

在纽约911纪念广场，幸存者树在它的故居附近再次繁茂。

2001年9月11日，当纽约世贸中心的双子塔在恐怖袭击后倒塌时，一棵种植了20多年的卡勒里梨树遭到破坏，并被埋在废墟中长达数周。但是，那年秋天，随着开展大规模艰苦的清理工作，工人们注意到，不知为什么，这棵树的一根树枝长出了新叶。尽管历经磨难，这棵树似乎决心要活下去。它被小心翼翼地转移到布朗克斯的一个树木苗圃，在那里它花了9年时间长出了健康的新枝。2010年，它再次被搬迁到911纪念广场，今天它作为坚韧的象征矗立在那里。

野苹果树

欧洲苹果

1796年，简·克里斯蒂安·塞普（Jan Christiaan Sepp）绘制的人们熟悉的野苹果，这是一幅手工彩色铜版植物雕刻作品。

英国国内苹果树的祖先是一种中小型树，在欧亚大陆很常见。它结出的果实小而坚硬，直径很少超过1.25英寸（约3厘米）。这种野苹果酸味浓郁，但煮熟后会变甜，因为它们含有大量的凝结剂果胶，所以可以做成美味的果冻和果酱。它们通常被种植在果园里，不是因为它们的果实，而是因为它们漫长的花期使它们成为给主要作物授粉的可靠花粉来源。野苹果树有丰富的民间传说，并且与爱情和婚姻有关。

银桦

欧洲白桦

白桦树皮的白色是白桦脂晶体反射光的结果，白桦脂是一种有机化合物，具有多种潜在的有价值的药理特性。

桦树是一种勇敢的先锋树种，有时被森林管理员认为只不过是一种树栖杂草。但这种观点忽略了一个事实，即桦树是覆盖北欧和亚洲大片地区的天然森林。在早期的英语文本中，它被简单地称为桦木或白桦木，而“银”前缀“silver”似乎是由英国诗人坦尼森·阿尔弗雷德勋爵（Alfred，Lord Tennyson）创造的。桦木有各种各样的用途，经常作为熏制室的首选燃料。它可剥落的树皮可以用来代替纸张，也可以用作火绒，它的细树枝可以用来制作扫帚，任何有自尊心的巫师都不会缺少这种扫帚。

9月14日

红树林

“红树林”这个词除了用来形容一片对海水淹没具有特殊耐受性的沿海树林外，还用来指这些树木所创造的栖息地——一种沿海的热带沼泽森林。红树林是极其重要的栖息地，拥有丰富的海洋生物，也为鸟类提供安全的栖息和筑巢场所，更是鱼类和爬行动物（包括鳄鱼）的保育区。它们密集的生长还保护了大片的海岸线免受风暴潮的侵蚀和灾难性的袭击。

9月15日

欧洲马栗树

欧洲七叶树

这种来自巴尔干半岛的雕像般的本地植物已经被广泛地引进到欧洲其他地方和北美洲。当地的孩子们都知道它是七叶树，它那光滑的、诱人的可装入口袋的果实是大自然提供的最受欢迎的玩具之一。当这些树被蜡烛状的白色尖顶（有些品种是亮粉色的）花朵覆盖时，它们正处于最壮观的花期。

上图：用有弹性的灌木榛子茎编织成的篱笆栅栏提供了一个坚固的屏障，同时保护和遮蔽了围绕它生长的新树篱。

左上：红树根部周围的水域温暖，可为弱小生物提供庇护，不受捕食者的侵袭，因此该处生机盎然。

左下：在它的珠宝盒里有一个闪闪发光的新鲜七叶树果。

榛树

欧洲榛

快速生长的榛子可以通过它的锯齿状的叶子、光滑的灰色树皮、春天黄色的柔荑花序（雄花）和带有不规则苞片皱褶的坚果簇来识别。除非以偶尔修剪它的做法（削减回地面高度）促进其蓬勃再生，否则它是短命的。反复的采伐可以使这棵树长生不老。灌木采伐的轮作方式各不相同，用一到两年的时间可以采伐，可得到灵活的鞭子和竹竿；用几十年的时间可以采伐，可得到结实的竹竿、木柴、木炭和坚果。植树造林促进了密集的茎基质和坚果的丰收，为野生动物提供了极好的栖息地。

达·芬奇的分支法则

艺术家和博学多才的莱昂纳多·达·芬奇（Leonardo da Vinci）对自然的细致研究一直为许多研究领域的专家提供思想食粮。达·芬奇对树木的观察包括了生长和形状的一般规律，其中最著名的与分支的分形性质有关。他写道："一棵树在其高度的每个阶段，其所有树枝放在一起时的总厚度，与树干厚度相等。"这是一个非常简单的理论，而且似乎适用于几乎所有种类的树木，从树干的第一个分枝到最细的树枝，尽管要证明这一理论对于可能有数千个分枝的成熟样本来说需要消耗大量的劳动和时间。然而，计算机建模已经为"为什么所有种类的树木都以这种方式生长"这个问题提供了一个令人信服的答案。这种生长方式似乎能提供最好的抗风能力，可以在一棵树尽可能坚固的同时，又不会浪费能量来生长任何多余的枝干。

达·芬奇对树木进行了细致的研究。在这幅创作于1480年左右的素描作品中，他关注于光线落在树叶上的效果。

莱伊的白面子树
花楸属植物

莱伊的白面子树在秋天呈现出绚烂夺目的季节色彩。它的果实被鸟类吃掉以传播种子。

1896年，英国牧师、博物学家奥古斯丁·莱伊（Augustin Ley）发现了几种极度濒危的白面子树种之一，其自然范围极其有限。它被认为是威尔士最稀有的树种，是花楸（欧洲花楸）和另一种稀有的白面子树种——岩石白面子树或灰白面子树的杂交品种。少数野外品种生长在英国威尔士中部城镇布雷肯的信标岩石上。人们认为，它们自然繁殖的速度很慢，而且极易受到放牧的影响，所以只能在羊不易到达的峭壁上生存。威尔士的国家植物园已经种植了更多的种群，以防止它们灭绝，否则它们难逃灭绝的自然命运。

沼泽柏树的“膝盖”

作为美国东南部湿地的一个显著特征，种植的沼泽柏树也被作为观赏树木，如南卡罗来纳州查尔斯顿的木兰种植园。

在沼泽中生长的柏树，如落羽杉，其树干通常向上极度舒展或呈现被支撑状，以在松软、湿透的地面上保持稳定。也许这个树种和它的近亲最显著的特征是它们的“膝盖”——多节的木质生长物，围绕着主干直接从根部向上长到空中。过去人们认为这些“膝盖”与红树林的气生根或气孔具有相同的功能，但目前研究认为“膝盖”发挥更多功能，包括进一步稳定、捕获沉积物和用其他材料加固树木所扎进地面的根。

落基山瀑布

艾伯特·比尔施塔特（Albert Bierstadt，1898）

在比尔施塔特的职业生涯晚期，《落基山瀑布》无疑是宏伟的，充满了光明和浪漫，这一直是他对该地区研究的标志。

阿尔伯特·比尔施塔特是一位德裔美国探险画家，他是最早到美国西部特别是落基山脉旅行的欧洲艺术家之一。他的职业生涯长达30年，致力于将西部的伟大作品带到更广阔的世界，并且在失去时尚的青睐之前取得了巨大的成功。他的作品是毫不掩饰的浪漫主义，通常在规模上是奢侈的，可以说是夸张的：例如，在这幅图片的背景和中间的冷杉的矮化，暗示了一个真正巨大的瀑布。比尔施塔特的遗产已经被重新评估，因为它在美国保护运动的诞生中发挥了积极作用。

西部铁杉

异叶铁杉

浓密的西部铁杉林排列在鱼溪河岸，靠近美国阿拉斯加州朱诺。偶尔落入河中的树木会形成临时的漏水的水坝，有助于减缓水流，这是一种有效的自然洪水管理形式。

西部铁杉原产于北美西部，是一种高大、下垂的针叶树，作为木材作物和观赏树而被广泛种植。它的常绿针叶柔软，除了在春天刚从枝头上长出时是明亮的绿色，其余均呈深绿色。每根针的底部都有两条白色的细线。锥体很小，鳞片很薄。这不是以杀死苏格拉底而闻名的毒铁杉，而是伞形科或胡萝卜科的一种草本植物，但这个名字反映了两种植物叶子的相似气味。

比什诺伊的牺牲

印度

在印度拉贾斯坦邦，一名比什诺伊族妇女在一棵凯里树或牧豆树前祈祷，这棵树现在是官方的国树。

凯里（Khejri）树（印度牧豆树），在其他地方被称为贾米（jammi）或牧豆树（ghaf trees），是南亚和中东沙漠地区的标志性树种［见第193页“沙贾拉特–哈亚特（生命之树）”］。它们在生态、文化和宗教方面非常重要，1730年，一位来自印度比什诺伊、名叫阿姆里塔·德维（Amrita Devi）的印度教妇女和她的3个女儿甚至为了阻止当地的树木被砍伐而牺牲了自己的生命。砍伐树木是为了给印度王公的新建宫殿腾让空间。王公的暴力非但没有镇压抗议，反而引起了更大范围的起义，363名比什诺伊人为保护他们的树而死。

9月23日

万德布姆

南非

1836年，说荷兰语的定居者从英国统治的开普敦殖民地迁往东部的比勒陀利亚，发现万德布姆（在南非荷兰语中意为“奇迹树”）树荫在当地备受欢迎，于是就把万德布姆命名为“奇迹树”。作为原生的无花果（榕属植物）的小树林，万德布姆树林覆盖直径达到164英尺（约50米），万德布姆的树枝已经下垂并在与地面接触的地方生根，周围形成三圈的儿女树围绕着中央的主树干。万德布姆树最古老的部分被认为可以追溯到1000多年前。1988年9月23日，万德布姆树林及其周边地区成为自然保护区。

万德布姆保护区位于南非比勒陀利亚市的中部，距离市中心很近，150多年来一直是一个受欢迎的野餐和徒步旅行地点。

田野槭树

栓皮槭

尽管它的名字是田野槭树，实际上它是一种理想的城市树木，非常适合作为树篱种植，并有令人惊讶的耐受污染性。

田野槭树是一种中等大小的树，经常在灌木篱墙中被发现，在灌木篱墙中它易于被修剪，适合作为观赏树种种植，广泛分布于欧洲及地中海周边。它的叶子有5个裂片，与大多数其他槭树相比，边缘更圆，而且明显比西克莫（欧亚槭）的叶子小。这种树所结果实是双翼翅果。树木成材后，树皮变得厚实且呈软木质地，并有深深的裂缝。田野槭木非常坚硬，具有迷人的金色色调，常用于制作乐器。

杜松

欧洲刺柏

杜松“浆果”被广泛用作香料，并被认为是杜松子酒（来自荷兰的杜松子酒或琴酒）的调味料。

作为一种耐寒的雪松科成员，普通的杜松经常生长到横跨广阔的北半球范围的林木线。杜松可以通过它的小而多刺的冬青针叶来识别，这些针叶在一个脊状的小树枝周围生长，每根都有一个银色的中央带。雄球果和雌球果生长在不同的植物上。早春雄花释放大量黄色花粉。成功传粉的雌球果成熟时膨胀成类似于微型的黑刺李或蓝莓的浆果状结构，但可以很容易地通过一个类似于三尖星的标记来区分。早期的基督徒为了保护自己不受巫术的伤害，把杜松的芳香枝条带进室内或在一些吉祥的日子里焚烧，比如苏格兰的除夕（12月31日）和北欧、斯堪的纳维亚的瓦尔普吉斯之夜（4月30日），即五一节的前夜，那时女巫和邪恶的灵魂被认为逍遥法外。

古老的橄榄树

黑山

在黑山的斯塔里酒吧，当地人通常选择在该市最年长的居民——这棵古老橄榄树的树枝下举行婚礼。

来到巴尔干半岛小国黑山共和国亚得里亚海沿岸城市巴的托姆巴郊区的游客，会不禁注意到这里的主要自然景观——一棵巨大的橄榄树，据说已有2000多年的历史。现在，这棵树被保护性的石雕栅栏包围着，虽然曾经遭受严重的火灾破坏，但看起来仍然茁壮成长，而且可以付费近距离观察。

美国栗树

美洲栗

学名*dentata*指的是锯齿状的美洲栗树叶子边缘。在这里，可以看到带刺的果实在雄柔荑花序的残骸旁边膨胀。

这种壮观的树种曾经在美国东部的林地中占主导地位，但在20世纪早期被疾病摧毁。从亚洲传来的一种树皮真菌——栗疫病菌（*Cryphonecia parasitica*）引起的枯萎病导致多达40亿棵树木死亡。该树种目前被认为在其本土范围内功能性灭绝，因为尽管一些树木的根系和树桩还活着，但它们发出的枝条在能够繁殖之前就会被感染并死亡。这一树种的未来可能取决于各种措施，包括对感染真菌的病毒进行生物控制和培育抗枯萎病树木。后者可能通过选择性育种、与来自中国的近缘物种杂交或基因改造来实现。

梨树

西洋梨

19世纪晚期的一幅彩色版画描绘了一种甜美多汁的本土培育的梨树果实。

栽培的梨树被认为是由一种野生树种发展而来的，有些人认为这是一种独立的树种，而另一些人则认为野生和栽培的品种是亚种。更令人困惑的是，在野生梨树生长的许多地区及花园和果园里，都有栽培的梨树品种，人们不大可能会弄错它们的果实——野生梨的果实又小又硬，不能食用。新石器时代，在欧洲各地栽种野生梨树的人们，肯定看到这样栽种的价值（野生梨树可作为指示标识），所以在欧洲各地开始栽种野生梨树。文献证据表明，梨树在盎格鲁-撒克逊时代的英国很常见，在诺曼人的记录中，它们经常被作为边界标志。

森林网

蔓延铺开的菌丝创造了一种令人满意的树木分布形式——也许真菌试图告诉我们一些事情？

菌根是真菌和植物互利的联系。“菌根”一词是在19世纪由德国植物学家阿尔伯特·伯恩哈德·弗兰克（Albert Bernhard Frank）创造的，但科学家直到最近才开始研究它们的真正规模和重要性。菌根主要由菌丝体组成，菌丝体是由微小的线组成的网络，肉眼几乎看不见，但它们寿命长，分布广泛，以至于囊括了世界上最古老和最大的生物。这些网络连接着活植物的根，利用它们获取食物，同时在植物营养和生态系统健康方面发挥着重要作用，为树木和其他植物提供了一种方式，让它们分享和获取营养，并利用一系列化学和电信号进行交流。

高山矮曲树

火地岛（Tierra del Fuego）南部独特的“旗树”景观是几乎持续不断的狂风的结果。

高山矮曲树是在亚北极、亚高山栖息地的纬度和高山树线（全球高海拔树木生长上限）附近发现的，那里的条件接近任何树木生存的寒冷和暴露的极限。这个名字通常只适用于针叶树，也包括各种松树、云杉和冷杉，其树林被称为塔卡莫尔和高山矮曲林。高山矮曲树的典型生长形态是被寒风吹得矮小而扭曲。

桦木森林

古斯塔夫·克里姆特（Gustav Klimt，1902）

克里姆特捕捉到了阿特湖周围北阿尔卑斯山桦树林中的光辉和幽暗。

奥地利象征主义画家古斯塔夫·克里姆特曾在奥匈帝国萨尔茨堡（今属奥地利）东部的广阔湖泊阿特湖（Attersee）度过几个夏天，在那里他创作了一系列风景画，以蓝绿色的湖水及其茂密的腹地为特色。这些森林画以引人注目的色彩和聚焦深度而闻名——据说克里姆特使用了望远镜，以确保即使较远背景中的树木也能得到与面前树木相同的细节处理。由于他对森林的痴迷，当地人给他起了个外号叫“森林恶魔”。

道格拉斯冷杉
苏格兰瑞利格峡谷

最初种植道格拉斯冷杉是为了获取木材，现在它已经成为苏格兰几个地区的地标。

英国最高的树是道格拉斯冷杉，其中几棵已经超过了200英尺（约60米），目前的纪录保持者是一棵生长在瑞利格峡谷的巨杉树，瑞利格峡谷位于苏格兰北部城市因弗内斯附近。据最新测量，它的高度为210英尺（约64米）。这棵树被称为大道格拉斯或杜格豪莫（Dùghall Mòr，盖尔语意为“大黑陌生人”），它是弗雷泽家族于19世纪早期开始的种植计划的一部分。弗雷泽家族拥有这条峡谷达5个世纪之久，并于1949年卖给了林业委员会（Forestry Commission）。道格拉斯冷杉因其巨大而笔直的树干而备受赞誉——1901年，罗伯特·福尔肯·斯科特（Robert Falcon Scott）的南极探险船“发现号”曾用大道格拉斯附近的冷杉树做桅杆。

羊上树
摩洛哥

山羊爬上摩洛哥坚果树，以展示它们天生的敏捷性。

摩洛哥坚果树拥有多节瘤和蔓生的枝干，结着类似于皱缩的橄榄的小果实。果实内的坚果是一种有价值的植物油来源，可用于烹饪和护发护肤。然而，这些树特别受游客的欢迎，并不是因为它们的果实或油脂，而是那些悠闲地栖息在高高树枝上的山羊。这些动物享受着果实的苦涩果肉，而其中的坚果却毫发无损地通过山羊的消化系统，沉淀在树下的粪便中，在那里它们被收集起来进行加工。当地农民发现了一个赚取双倍收入的机会，他们收集、加工坚果后进行销售，向游客收取拍摄羊上树景观的费用。然而，一些人因为鼓励更多的山羊聚集在树上而受到动物保护组织的批评。

大叶菩提或椴树

阔叶椴

一棵高大的大叶菩提树开始绽放出秋天的第一抹光彩。

与小叶菩提树和普通菩提树（分别见第361页和216页）不同，这个树种通常不产生吸盘。大叶菩提树在野外相对稀少，因此限制了杂交普通菩提树的自然发生。叶子长6～12厘米，下面有毛，树皮呈深灰色，光滑呈片状。与其他菩提树一样，大叶菩提对昆虫的生活非常重要，它能吸引大量的传粉者和大量的蚜虫，它们的蜜露（多见于植物叶子上的一种含糖沉积物）会覆盖在树叶和树下的任何东西上，持续时间超过几个小时。

10月5日

秋天的桑树

文森特·梵·高（1889）

梵·高不止一次地画过桑树，他对这一令人眼花缭乱的尝试特别满意，在圣雷米的普罗旺斯，他画了一棵生长在圣保罗精神病院（前身是修道院）花园里的桑树。1888年，梵·高疯疯癫癫地在医院里待了一年。在这期间，他和同为艺术家的保罗·高更打架，弄伤了自己的耳朵。他在圣雷米的时光，作品异常高产，创作了大约150幅画作。尽管当时他一直与病魔作斗争，并且他的天赋在更广泛的艺术领域被认可（可见第211页），但最终还是在1890年7月他37岁时自尽。

尽管他的疾病给他带来了动荡，梵·高还是在艺术创作中找到了解脱，他写信给他的兄弟说，这幅画比大多数画都更让他高兴。

10月6日

走私者的狭谷

美国

这条蜿蜒曲折的道路穿过美国佛蒙特州最高的山口之一，在20世纪30年代的禁酒令时期，它曾被视为一条隐蔽的走私酒精的路线。如今，它更以其风景而闻名，尤其是在10月初，著名的秋天色彩让人叹为观止。

10月7日

女人树

印度教和佛教神话中的女人树据说结出的果实就像美丽的女人。

花楸树

欧亚花楸

上图：一只画眉鸟贪婪地吃着花楸浆果。

左上：著名的秋色之旅穿过佛蒙特州的走私者的狭长山谷。

左下：在泰国的一个市场上，一种被称为是“干燥的女人树种子”的护身符和真正的种子一起出售。

作为一种受欢迎的观赏树，花楸树提供了明亮的树荫，春天泡沫状的丰富花蜜和明亮的浆果，吸引了冬季鸟类，尤其是画眉和太平鸟。它的美丽掩盖了它的韧性——它在街道和超市停车场的表现很好，因为它适应了高地和荒野边缘的稀薄岩石土壤中的生活。它在凯尔特文化中备受尊崇，经常被种植在房子附近和教堂的院子里，这样它就可以对住在里面或在里面做礼拜的人施以魔法进行保护。

10月9日

“伦巴第”白杨树

钻天杨

黑杨（杨柳科植物）的几个品种呈现出高而窄的“尖顶”生长形式，已成为园林景观的突出特征，尤其是成排种植和在林荫道种植时。真正的伦巴第白杨树主要适合在温暖的地中海气候条件下生长，而其他品种已被开发用于更凉爽、更潮湿的条件。但是它们的寿命都很短，并且经常在40年后变得不稳定。

10月10日

核桃

核桃木

核桃树受到罗马人的珍视，它们被引入整个罗马帝国，现在除了南极洲以外的每个大陆都在种植。核桃树浑身是宝，几乎每一部分对人类都有用。核桃（严格意义上说，它们是一种被称为核果的肉质水果的种子或核）味道可口，营养丰富，据说可以降低血液中的胆固醇。核桃树的木材具有精美的纹理，从有光泽的叶子和果壳中的提取物可以用于染料、鞣革和多种药物的制备。

银杏树

上图：把这片叶子倒过来，看看银杏是如何得到它公开的别名——少女头发。

左上：显而易见，伦巴第白杨树是以意大利的省份命名的。

左下：成熟的核桃从它们精巧的绿色果实中迸发出来。

银杏树被称为银杏科植物中唯一的幸存者。化石证据表明，这个物种有超过2.7亿年的历史。每棵树的寿命都很长，通常超过1000年。扇状的叶子非常独特，叶脉从茎展开，偶尔分叉。许多叶子在外缘形成一个缺口，从而形成了学名中所描述的二裂叶。在秋天它们会变成明亮的黄色，而且往往会突然凋落，有时一天之内就会全部凋落。银杏树是雌雄异株的，雄树产生小的球果，成熟的雌树长满了果实，表面上类似樱桃。肉质的种子皮成熟后味道难闻，但里面的坚果是可以吃的。尽管许多银杏提取物都声称有益健康，但有益效果充其量只是轻微的且不可靠的，而且不良副作用很常见。

绵毛荚蒾

绵毛荚蒾的果实对人类有毒，但为越冬的鸟类提供了重要的食物来源。

绵毛荚蒾是一种低矮的树木或灌木，由灌木篱笆和林地组成，尤其是在白垩质土壤上。绵毛荚蒾有起皱的椭圆形叶子，边缘有细锯齿，下侧有绒毛。它的花朵在春天是白色的，当它的果实成熟时，颜色便从鲜红色变为黑色，可以说此时是最引人注目的——在一段时间内，一簇浆果中会有两种颜色。在收获时节，夏天新生的新芽既长又柔韧，足以用作打捆绳。稍老的茎干非常僵硬和强壮，适合作为箭杆。

知识之树或不朽之树

由老卢卡斯·克兰纳（Lucas Cranach the Elder）创作的油画版本《亚当与夏娃》（1526）。

知识之树是所有三个主要亚伯拉罕宗教（犹太教、基督教和伊斯兰教）的主题，在其创世故事中，它生长在花园中，亚当和夏娃被禁止触摸或品尝知识之树的果实。在犹太和基督教的版本中他们被一条蛇怂恿，在伊斯兰教的说法中被撒旦亲自怂恿，并承诺吃了果子会得到永生。在吃果子的过程中，他们犯了原罪，并被放逐，将所有未来的人类置于艰难、复杂的尘世道路上。

亥伯龙和巨人

美国

美国加州海岸红杉林是真正的巨人之地，拥有数棵世界上最高的活树。

作为“巨人”中的“巨人”，海岸红杉（Sequoia sempervirens）被称为Hyperion（常译为“亥伯龙”），被认为是世界上最高的树。亥伯龙是以泰坦之一命名的，泰坦是希腊神话中大地女神盖亚和天穹之神乌拉诺斯的12个巨大孩子。它在美国加州红杉国家公园和州立公园的确切位置尚未公布，它的两个近邻（赫利奥斯和伊卡洛斯）目前是同类中第二高和第三高的。2006年，亥伯龙的测量值略高于380英尺（约115.8米），并被认为以每年1.5英寸（约3.8厘米）的速度缓慢增长。根据它目前的增长率，2031年美国洪堡红杉州立公园的一棵树可能会取代它成为最高树。作为后起之秀，新星自1995年以来每年增长近7.5英寸（约19厘米），目前是世界第五高。

如何测量一棵树

作者的儿子测量了一棵漂亮的老橡树。树和观察者之间的地面距离大约等于树的高度。

一种测量一棵直立树木的高度的可靠方法是：找到一根笔直的棍子，将手臂笔直地伸到面前，棍子长度与从手掌到眼睛的长度相同。抓住棍子的一端，向远离树木的方向走开，直到它的整个高度与棍子的长度相当。测量从这一点到树根处的地面距离，就能得到树高的近似值。更精确的但也更危险的方法是从树的顶部放下卷尺（见第199页）。

10月16日

一棵树的价值

任何热爱大自然的人都知道，一棵树的真正价值是不能用金钱来衡量的。我们种植了越来越多的小树，却没能阻止那些不可替代的成熟树木被砍伐，美国早期自然作家和自然保护主义者苏珊·费尼莫尔·库珀（Susan Fenimore Cooper）的话在170年后听起来仍然是正确的。

“除了以美元或美分计算的市场价格之外，这些树还有其他价值；它们在许多方面与一个国家的文明相联系；它们在才智和道德上都很重要。在一个新的国家里，当第一个粗放的发展阶段过去之后——当人们有了住所和食物之后，人们开始在住所周围建造便利、收集乐趣，然后农民通常会在门前种上几棵树。这是非常可取的做法，但这只是第一步；不止于此，保护已经存在的优良树木标志着更大的进步，而这一点我们还没有做到。经常发生的情况是：一个人昨天还在他家门口种了6棵无枝树苗的人，今天却要砍下一棵离他的房子只有几根树枝远的高贵榆树或橡树，而这棵榆树或橡树本身就比他所拥有的任何一件东西都要美丽百倍。”

选自苏珊·费尼莫尔·库珀的《乡村时光》（1850）

伯纳姆山毛榉林
英格兰

摩根・弗里曼（Morgan Freeman）在伯纳姆山毛榉林拍摄《罗宾・汉：盗贼王子》（1991）。

这片位于英格兰东南部奇尔特恩山上的著名林地非常古老。它以巨大的山毛榉而闻名，其光滑的树干和粗大的树枝给人一种活生生的大教堂的印象。该场地为伦敦市所有，树木使用传统方式进行管理，这使它们得以长寿。这片永恒的森林与城市及一些大型电影制片厂的距离很近，于是森林成了热门的拍摄地点：《侠盗罗宾・汉》《公主新娘》和《哈利・波特》系列电影的部分场景都是在这里拍摄的。

花楸果木
家花楸

历史的参考资料表明，真正的花楸树在欧洲曾广泛培育。现在几乎在所有地方，它都被认为是稀有或濒危的，尤其是在英国，它是最稀有的树木之一。一个生长在怀尔森林的个体，即所谓的惠蒂梨，死于1862年的一场森林大火，它曾是英国唯一已知的样本，直到在南威尔士、格洛斯特郡和康沃尔郡发现了少量的生长在难以接近的悬崖上的种群。据品种的不同，这些果实类似于小苹果或梨，坚硬而有酸涩味，但如果让它“过度成熟”，就会变得非常甜。在古希腊，人们把它们腌制起来，在欧洲的一些地方，人们仍然把它们收集起来制成苹果酒或水果味的饮料。

真正的花楸树或惠蒂梨树的果实坚硬，几如大理石。

柏西斯和菲利蒙

这是英国画家亚瑟·拉克姆（Arthur Rackham）所画的一幅令人心情愉快的插图，展示了菲利蒙和柏西斯优雅而相互缠绕的来世——他是一棵橡树，她是一棵菩提树。

在一个最初由古典诗人奥维德（Ovid）撰写并被多次讲述的故事中，柏西斯和菲利蒙是一对年迈的夫妇，尽管很穷，但他们是唯一对两个造访自己城镇的陌生人提供热情款待的人。凡人所不知道的是，这两个旅行者是乔装打扮的诸神——希腊神话中的宙斯和赫尔墨斯或罗马版本中的朱庇特和墨丘利。众神在用洪水摧毁城镇及其自私的居民时，以拯救这对夫妇作为回报，并让他们在自己简陋的家园遗址上管理一座美丽的寺庙。众神还满足了这对夫妇永不分离、在同一天死去的愿望，在这之后，柏西斯和菲利蒙变成了两棵缠绕在一起的树，一棵橡树和一棵菩提树（椴树）。

卡宾顿梨树
英格兰

英国沃里克郡的抗议者请大众关注这棵拥有250年历史的卡宾顿梨树的困境，几天前它被砍伐，为HS2铁路线让路。

在2011年之前，这棵巨大的、比例匀称而显得优雅的梨树矗立在沃里克郡卡宾顿村附近的田野边界上，一直是当地的一个小地标。据估计，这棵树已经有250年的历史了，是英国同类树中第二大的。春天的时候，它开出的大量白花就像一场大雪，分外美丽。在修建备受争议的高速铁路HS2过程中，人们努力挽救它免遭砍伐，这一举动引起了更广泛的公众关注。它被评为2015年的英国年度树，在所有受HS2项目威胁的树木中，被当地野生动物基金会当作海报树。尽管抗议了数年并征集了2万个签名，这棵树最终还是于2020年10月20日被砍倒。人们从这棵树上取下了几十根枝条，用于在附近种植，到目前为止，至少有一些幸存了下来。

欧洲落叶松

针叶树通常不以其颜色常青而闻名，但落叶松在秋天相当耀眼。

在针叶树中不同寻常的是，落叶松短而软的针叶会在冬天脱落，而在春天，它们会在一片青涩的绿色中生长出新的针叶。落叶松是雌雄同株的，在同一棵树上，雄花生长在嫩枝的下方，雌花生长在叶尖，有时被称为“落叶松玫瑰”。雌花发育成小球果，松鼠和雀类热切地寻找它们的种子。从春天的绿色到秋天的金色，落叶松的色彩发生了戏剧性的变化，这使得它们在常绿针叶树种植园中显得格外突出。

凡威的巨手

威尔士

当威尔士波伊斯凡威湖庄园（Lake Vyrnwy Estate）上的一棵巨大的道格拉斯冷杉在一场风暴中受损时，它不得不被砍倒。这棵树曾以209英尺（约63.7米）的高度成为英国并列最高的树，因此人们没有将其从地面砍下，而是想出了一个富有想象力的计划来创造一个新的地标。护林员从受损的位置砍下了这棵树，留下了一个49英尺（约15米）高的树桩，然后电锯艺术家西蒙·奥洛克（Simon O'rourke）把树桩雕成了一只巨大的手，象征这棵树再次伸向天空。

巨大的凡威冷杉的树桩被赋予了艺术的新生命，西蒙·奥罗克在原地雕刻了它。

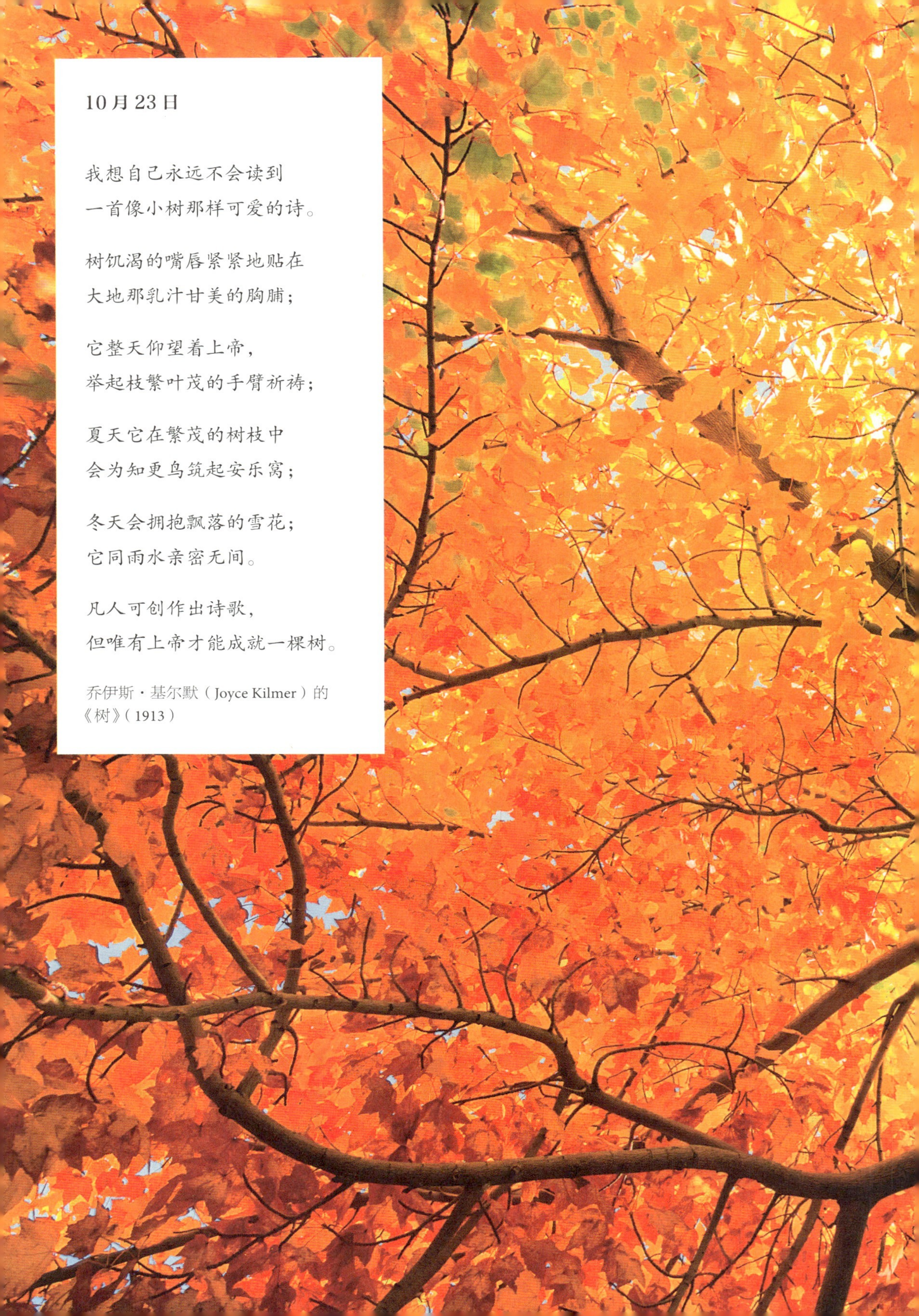

10月23日

我想自己永远不会读到
一首像小树那样可爱的诗。

树饥渴的嘴唇紧紧地贴在
大地那乳汁甘美的胸脯；

它整天仰望着上帝，
举起枝繁叶茂的手臂祈祷；

夏天它在繁茂的树枝中
会为知更鸟筑起安乐窝；

冬天会拥抱飘落的雪花；
它同雨水亲密无间。

凡人可创作出诗歌，
但唯有上帝才能成就一棵树。

乔伊斯·基尔默（Joyce Kilmer）的《树》（1913）

桑兰猴面包树

南非

就高度来说，桑兰猴面包树的树干很宽，里面的树洞很大。

在南非林波波省莫加吉斯克卢夫（Modjadjiskloof）附近的桑兰（Sunland）农场，有一株巨大的非洲猴面包树，包括其支柱在内，周长154英尺（约47米），树干直径34.9英尺（约10.64米）。通过碳年代测定法表明它有1000多年的历史。1993年，树干上的一个天然树洞被清除掉了杂物，里面的手工制品表明，在它的漫长生命中，曾有圣布希曼人和早期的荷兰殖民者来过这里。树干足够大，可以装下一个小酒吧和酒窖，并容纳15人，有近13英尺（约4米）宽的净空。2016年和2017年，部分树干脱落，但这棵树仍然存活了下来。

秋天树叶的色素

在夏末叶绿素的消失使得其他色素呈现出它们本身的颜色。

许多落叶乔木在秋天经常表现出树叶颜色的戏剧性变化，这反映了树叶中色素的变化。由于叶绿素的作用，这里的枫叶在夏天呈现绿色。色素这种化学物质负责收集阳光，为光合作用过程提供动力，在这个过程中，水和二氧化碳被转化为糖和氧气。黄色、橙色和金色是由一种被称为类胡萝卜素的色素产生的。类胡萝卜素也存在于夏季的叶子中，但被大量叶绿素产生的浓重绿色掩盖了。只有当叶绿素水平下降时，类胡萝卜素才呈现出暖色。红色和紫色的出现是第三类色素（花青素）的结果，随着秋天的发展，树液发生化学变化，合成出花青素。花青素的产生对阳光很敏感，因此在一个特定的地区或年份，秋色的强度随当时天气的变化而变化。

右图：戴安娜纪念游乐场附近有一根橡树树干，拥有约800年的历史，是几十个精灵、侏儒、仙女、女巫和森林动物的家园。

另侧上：奥德修斯带领着一半半昏迷的船员，拖着另一半昏迷的船员从莲花岛出发，在那里他们因食用莲花树的果实而陶醉。

另侧下：在人造的生命之树的树干上发现数百种生物，可以帮助游客在排队参观动物王国剧院时消磨时间。

精灵橡树

伦敦肯辛顿花园

这棵中空的橡树树干原先生长在英国伦敦的里士满公园，1928年被搬到肯辛顿花园。英国艺术家伊沃·因尼斯（Ivor Innes）在多节的木头上雕刻并绘制了几十个小人物，仿佛他们居住在这里。他的妻子埃尔西还写了一本书，讲述了他们异想天开的故事。因尼斯一生都在维护这棵树和它的角色，但在他死后，这尊雕像损坏了。1996年，在英国喜剧演员斯派克·米利根（Spike Milligan）的呼吁下，雕像得以修复，他也帮助重新绘制了一些雕像。这棵树现在被装在一个金属笼子里，以保护它免受伤害。

10月27日

莲花树（忘忧树）

枣莲

莲花树是鼠李科的一种低矮的常绿植物，它长着光滑的椭圆形叶子和金黄色的果实，看起来像小李子。在神话中，它统治着奥德修斯（古希腊神话中的英雄，是史诗《奥德赛》的主角）访问过的一个岛屿或半岛，当地的食人族（lotophagi）或“食莲族”（lotus eaters）吃下这种莲花树的果实，陷入一种放纵和冷漠的状态，忘记了对他们来说一切重要的事情。

10月28日

迪斯尼生命之树

美国

美国佛罗里达州的沃尔特·迪斯尼世界的迪斯尼动物王国主题公园，其中心有一个岛，岛上有一些雕塑、景观及一个拥有428个座位的电影院，此外还有一棵树。该树是一棵以猴面包树为原型的“生命之树”，这棵树的树干有8000多根树枝，树枝上雕刻了300多种现存和已灭绝的动物。这座设施是由一个石油钻塔改造而成的。

美洲颤杨

上图：美国怀俄明州大提顿国家公园的美洲白杨在秋色中燃烧。

右上：位于摩诃菩提寺中心的一棵神圣的无花果树。

右下：据说这种古老的紫杉会在万圣节前夕做出与疾病有关的预言。

颤杨是北美地区分布最广的自然树种，从美国阿拉斯加和加拿大北部一直生长到美国新墨西哥州，不过在南部，它只生长在海拔较高的地区。就像它的近亲欧亚白杨一样，它以叶子看起来如闪烁运动而闻名，这些叶子在秋天变成了金黄色。它通过形成吸根，很容易进行自我繁殖，因此可以形成大量基因完全相同的克隆体（见第239页）。这个物种也是白杨林地的标志性特征。白杨林地是草原和北方森林之间的过渡性生物群落，覆盖了加拿大和美国北部的大片地区。

10月30日

摩诃菩提树

印度

目前生长在印度比哈尔邦菩提伽耶摩诃菩提寺的神圣无花果树，代表着约在公元前500年乔达摩佛获得觉悟的菩提。环绕原树的寺庙是由阿育王（Emperor Ashoka）建造的，他是佛教的忠实追随者。这棵树被更换过几次，最近的一次是在1881年，由英国考古学家亚历山大·坎宁安（Alexander Cunningham）更换。

10月31日

兰格纽紫衫

威尔士

圣迪根教堂位于英国威尔士北部城市康威的兰格纽村，据估计，生长在圣迪根教堂墓地里的一棵巨型紫杉已有4000多年的历史。不过，像大多数同类的古老样本一样，它的树干在许多世纪前就被挖空和劈开了，因此很难确定它如今确切的年龄。每年万圣节，教区里比较勇敢的居民都会聚集在这棵树旁，据说，当一个幽灵出现时，该幽灵即“祖先”或“录音天使”，会宣布来年将死去的人的名字。

欧亚白杨

欧洲山杨

欧亚白杨的自然分布范围很广，从西边的冰岛和不列颠群岛到东边的堪察加半岛。

这种深受喜爱的生长在欧洲和亚洲凉爽温带地区的树是雌雄异株的，春天时雄性柔荑花序和雌性柔荑花序会出现在不同的树上。传粉的花产生的种子带有蓬松的“降落伞”，可以随风飞行数英里。白杨树也通过形成吸根——从树的根或茎的地下芽中冒出新芽——进行繁殖。白杨的拉丁名称和特征源于它那长、平且柔韧的茎或叶柄，叶柄上附着圆形的、边缘不规则的叶子，这些叶子能在微风中翩翩起舞，给人造成一种视觉上的闪烁运动。这种闪烁运动和伴随的声音在各种神话中与精灵世界联系在一起，据说凯尔特人的坟墓中放置了白杨树冠，以方便通往地下世界。

落叶松的凯尔特十字架图案

爱尔兰多尼戈尔

凯尔特十字符号起源于中世纪早期的不列颠群岛，并成为凯尔特岛屿艺术的流行主题。

2016年秋季，飞往英国北爱尔兰德里机场的乘客注意到一个惊人的新地标：一个巨大的金色凯尔特十字架，位于爱尔兰多尼戈尔拉根山谷的森林中。该设计由大约3000棵日本落叶松组成，与周围的常青树不同，它们在秋天会变成金色。它被认为是当地森林管理员利亚姆·埃默里（Liam Emery）的作品，他在21世纪初种植了这块地，但遗憾的是，他没有活着看到自己的作品成熟。

这不是落叶松第一次被如此利用。1992年，德国勃兰登堡州的一份森林地图调查显示，在20世纪30年代，为了庆祝阿道夫·希特勒（Adolf Hitler）的生日，当地树木被种植成巨大的纳粹十字记号，后来被人遗忘了。它在2000年被拆除。

激光雷达成像树

激光雷达扫描技术可以用来分析单个树木的结构，或者像这里一样调查整个景观的地形。

长期以来，研究树木结构的专家们一直在努力研究树木生长形式的分形复杂性——一棵树你看得次数越多，揭示的细节也就越多。现在，一种被称为激光雷达（光探测和距离探测）的激光技术正在帮助他们更好地进行研究。这项技术包括在一棵树周围放置一圈扫描仪，以详细记录其结构的细节。由结果数据生成的计算机模型提供了诸如树木的确切体积、树枝的总长度和数量等信息。但是激光雷达所做不到的是，为位于地下的同样重要且更为复杂的树木部分提供类似的细节信息。

荆棘树的警告

虽然树木无法完全躲避饥饿的食草动物的注意，但可以用化学交流的形式减少食草动物的伤害。

树木以化学方式相互交流的第一个科学证据，来自人们对东非热带稀树草原上生长的非洲荆棘树的研究。研究人员注意到，长颈鹿（尽管存在保护性荆棘，但它们的舌头非常长，可以以树为食）总是沿着逆风方向从一棵树旁移动到另一棵树旁，通常绕过几棵树再开始觅食。这个现象揭示了为了免遭啃食，荆棘树的另一种防御策略。当荆棘树被啃咬时，它会提高树叶中苦味单宁酸的浓度，所以食草动物只会短时间进食然后不得不继续前进。受伤的树还会释放乙烯气体，它的邻居（尤其是顺风方向的树）会检测到这种气体，为了响应这种"化学警告"，这些树会提高自己的苦味单宁酸产量，从而获得更进一步的保护。

万亿植树运动

种植在正确的地方，树木有潜力吸收大气中大量的碳。其他优势包括洪水缓解、侵蚀控制、污染管理和增加生物多样性。

瑞士生态学家、活动家托马斯·克劳瑟（Thomas Crowther）在2015年估计全球树木约为3万亿棵（见第231页）之后，他计算出在不失去任何生产或其他生态系统所需的土地面积的情况下，地球还有空间再种植1.2万亿棵树。这些新增的树木可以吸收大量的二氧化碳，这使迄今为止为减缓气候变化而提出的所有碳捕获技术相形见绌。于是，克劳瑟提出种植万亿棵树的活动，由青年领导的“为地球植树”组织接

受了这一活动，该活动也是联合国2006年发起的“十亿棵树运动”的延伸。人们对新目标雄心勃勃，已经种植了150亿棵树（仅印度就种植了20亿棵），而且世界各地的政府、私人公司和社区都承诺参与其中，这万亿棵树的目标将会实现。

威萨希肯的秋日下午

托马斯·莫兰（Thomas Moran，1864）

威萨希肯河在费城流入斯库尔基尔河。它的大部分河段作为自然地标被保护，尤其是因为这幅画的影响。

这幅田园诗般的风景画所描绘的地点，是美国内战时期距离快速工业化的费城不远的地方。这里与世隔绝，因此工业化和内战的动荡都没有在这幅画上体现出来。画作的作者是英裔美国画家托马斯·莫兰，他专注于自然美和戏剧。画中描绘了一片自然场景：空气清新，色彩绚丽，平静的牛群啜饮着晶莹的河水。画迹未干，描绘的场景就已经很怀旧了，莫兰仍然为它深深自豪，这是理所当然的。

欧洲赤松

樟子松

欧洲赤松是一种先驱树种，但它在荒地上定居的自然能力受到放牧的限制。

针叶树有广阔的自然分布区，西起爱尔兰，向东穿过欧亚大陆到中国东部；北起斯堪的纳维亚半岛北部，南到土耳其。这种独特而顽强的针叶树并非苏格兰独有。在其他地方，它被称为波罗的海松、蒙古松、日加松，林业工作者通常称它为欧洲赤杉。它是原产于不列颠群岛的唯一一种松树，通常可以以它的习性（生长过程中脱落树体下部的树枝）、薄片、有裂缝的树皮（底部附近是灰色，但较高地方通常为暖赤褐色）及针叶（略微扭曲，成对生长）来识别。球果是红褐色的，有粗壮的鳞片，其表面有一个圆形的突起。

桃花心木

一种现在极度濒危的美国桃花心木的手工彩色铜版版画，出自意大利《自然科学词典》(1837)。

真正的桃花心木是一种美丽的，有细密纹理、光泽的红色调木材。桃花心木有3种，都原产于中美洲、南美洲和加勒比地区。桃花心木这个名字也适用于非洲的物种，如花室桃花心木，与中国、印度、印度尼西亚和新西兰的桃花心木除了在木材上相似外，没有太多合理解释。桃花心木都受到过度开采的威胁，而目前从原生森林出口的大部分木材都是非法采伐的结果。桃花心木是洪都拉斯和伯利兹的国树。

沃尔德盖特森林，11月6日和9日

大卫·霍克尼（David Hockney，2006）

霍克尼的“沃尔德盖特森林”（Woldgate Wood）是2012年一个大型展览“更大的画面”（*A Bigger Picture*）的一部分。

在英国约克郡出生的艺术家大卫·霍克尼对树木长期迷恋。在20世纪90年代和21世纪的头几年里，他花了好几个季节的时间用粉笔描绘约克郡沃尔德的风景，包括一整系列的沃尔德盖特沿线的树林，这是一条以维京名字闻名的罗马道路。他反复回到沃尔德盖特森林，四季不停地拍摄和作画，有时用传统颜料，有时用iPad，他是第一批这样做的优秀艺术家之一。

野生花楸树

花楸树的叶子是浅裂和齿状的，在秋天变成了大片的金黄色。

一种曾经闻名遐迩的树，其棕色的小果实（在英语中称为“chequers”）在冬季的第一场霜冻后，被认作一种美味的食物，而野生花楸树已经大量减少并从公众的认识中消失了。它被看作古代林地的标志，因为它主要通过形成吸根进行传播，在传统上它也被种植在房屋和旅馆的花园中（Chequers，也是一个常见的房屋和酒吧名称），在那里收集这种植物的果实供在家中食用、销售或用作调味酒精饮料。另请见第291页的花楸果木。

我们正在创造一个新世界

保罗·纳什（Paul Nash，1918）

纳什对一片污染严重、满目疮痍的无人区的描绘，将人类的战争悲剧置于其环境背景之下。

英国画家保罗·纳什最著名的作品是他在遭到破坏的因弗内斯杂树林，根据一幅草图创作的，因弗内斯杂树林位于第一次世界大战西线的帕斯尚尔战役中伊普尔的附近。纳什感到震惊，不仅是因为人类要经历战争，还因为自然世界也要遭受破坏。在1917年写给妻子的信中，他写道：

“我是一名信使，将从正在战斗的人们那里带回消息，给那些希望战争永远继续下去的人。虽然我口齿不清，要传达的信息苍白无力，但它将包含一个苦涩的事实，愿它灼伤他们的灵魂。”

这幅画最初是以官方战争艺术作品的名义无标题发表的，但后来加上了带有苦涩指责意味的标题，赋予了它非常不同的含义。

边材和心材

这棵最近锯开的有花梗橡木，其边材清晰可见，在树皮下是稍暗的一层。中间较浅的木材是心材。

新木材是树木在生长过程中形成的，它是由木质部紧密包裹形成的。其细胞由活细胞构成，它们的细胞壁用一种叫作木质素的复杂有机聚合物加固，木质素是生物学中最坚韧的化合物之一。这些导管是树木的管道——它们将树液从根输送到树枝和树叶。树木的外部长出了新的木材，随着时间的推移，旧的生长层被新的一层覆盖。最终，它们的汁液停止流动，许多树种的木材会死亡，但在死亡的过程中，木材可能会变得更耐腐烂。通常，这种所谓的心材的颜色与外层边材略有不同。然而，树木在没有心材的情况下也能很好地生存，而老树即使树干完全是空的，也能活上几个世纪。

丘陵地带的树林

保罗·纳什（1930）

保罗·纳什童年的大部分时光都是在白金汉郡度过的，而质朴、雕塑般的低地风景和高耸的山毛榉林一直是他山水画中最喜欢的主题。

在成为艺术家之前，年轻的英国人保罗·纳什有成为建筑师的雄心壮志。秋季山毛榉有光滑的柱状树干，纳什对它们的描绘使其具有非常明显的如同教堂中殿的特征。标题中的丘陵是英国白金汉郡的北丘陵，远处是艾文霍灯塔（Ivinghoe Beacon）独特的圆形粉笔山顶。纳什根据1929年在路边绘制的草图绘制了这一场景。虽然树木已经改变，但从阿什里奇的国家信托停车场仍然可以看到几乎相同的景色。

查耶斯里摩诃菩提

斯里兰卡

这棵神圣的查耶斯里摩诃菩提树是延续了两千年的礼物，在它于公元前288年种植的地方继续茁壮成长。

这棵位于斯里兰卡阿努拉达普拉（Anuradhapura）的神圣无花果，被认为是世界上已知年龄最古老的人类种植树木，它是由最初的菩提树（见第341页）的树枝长出来的，佛陀就是在菩提树下获得觉悟的。这棵小树是桑伽密多（Saṅghamittā）的馈赠，桑伽密多和她的父亲——印度帝王阿育王（Ashoka The Great）一起在广阔的亚洲传播佛教。这棵树是公元前288年由斯里兰卡国王提婆南毗耶·帝沙（Devanampiya Tissa）种植的，到2021年已经有2309年的历史了，现在仍然保存在那里。由这棵树培养的更年轻的菩提树不断地被赠送到世界各地的特殊地方。

乌普萨拉的圣树

瑞典

瑞典基督教学者和作家奥劳斯·马格努斯（Olof Månsson）于1555年描绘的乌普萨拉神庙及其圣树。

早在公元3世纪，瑞典的乌普萨拉镇就是一个宗教中心。根据北欧最早的有文字记载的历史，中世纪学者不来梅的亚当撰写了《汉堡大主教史》(*Gesta Hammaburgensis ecclesiae pontificum*)，它以一座重要的挪威诸神神庙而闻名，而神庙旁边是一棵神圣的树。据说这棵树是常青树，因此一些历史学家认为它可能是一棵紫杉，不过不来梅的亚当更神秘，他坚称没有人知道它是哪种树。然而，他确实记录了，令人毛骨悚然的是，树旁的一汪泉水是用活人祭祀的，人们相信如果没有找到被淹死者的尸体，他们的请求会被实现。这幅版画出现在后来的奥劳斯·马格纳斯（Olaus Magnus）于1555年的描述中，画中的寺庙、树和活人祭品看起来更像是活人在热水浴缸内享受沐浴。

瓦蒂扎化石——第一棵树

这是一棵树的树桩化石，它曾经是地球上已知最早的森林的一部分。

20世纪20年代，当采石场工人在美国纽约州卡茨基尔山脉的基利波（Gilboa）开始爆破岩石建造大坝时，他们发现了一些类似树桩化石的物质。这并不特别罕见，因为树木很容易变成化石。令人惊讶的是它们的年龄：估计有3.85亿年，这使它们成为世界上已知的最古老的树木。又过了80年，这些树桩才与其他化石联系起来，揭示了它们的整体结构，包括细长的树干和蕨类植物叶冠。这种树属于一种早期的蕨类状植物，现在科学上被称为瓦蒂扎（Wattieza），基利波的这棵树长到大约8米高，这样就在地球上创造了一个全新的栖息地——一个庇护、潮湿、资源丰富的空间，当时各类动物都可以在这里进化。

英国女王伊丽莎白橡木
英格兰

1995年，英国女王伊丽莎白二世在赫特福德郡的哈特菲尔德宫种植了一棵橡树，以纪念她的到访。

在大树下发生了多个具有历史意义的事件，是十分令人吃惊的。橡树和紫杉在这方面的表现尤为突出，至少在北温带地区是这样，部分原因是它们是大型、长寿的树木，是自然地标，也因为它们以强壮和适应力而闻名，为故事增添了分量。据说英国赫特福德郡哈特菲尔德宫有一棵古老的橡树，1558年，亨利八世和安妮·博林的女儿伊丽莎白就是在这棵树下得知她同父异母的妹妹玛丽去世及自己即将成为女王的消息。原树死于20世纪初，死树桩最终在1978年被移走；1985年，它被一棵新的伊丽莎白女王橡树所取代，由伊丽莎白二世种植。

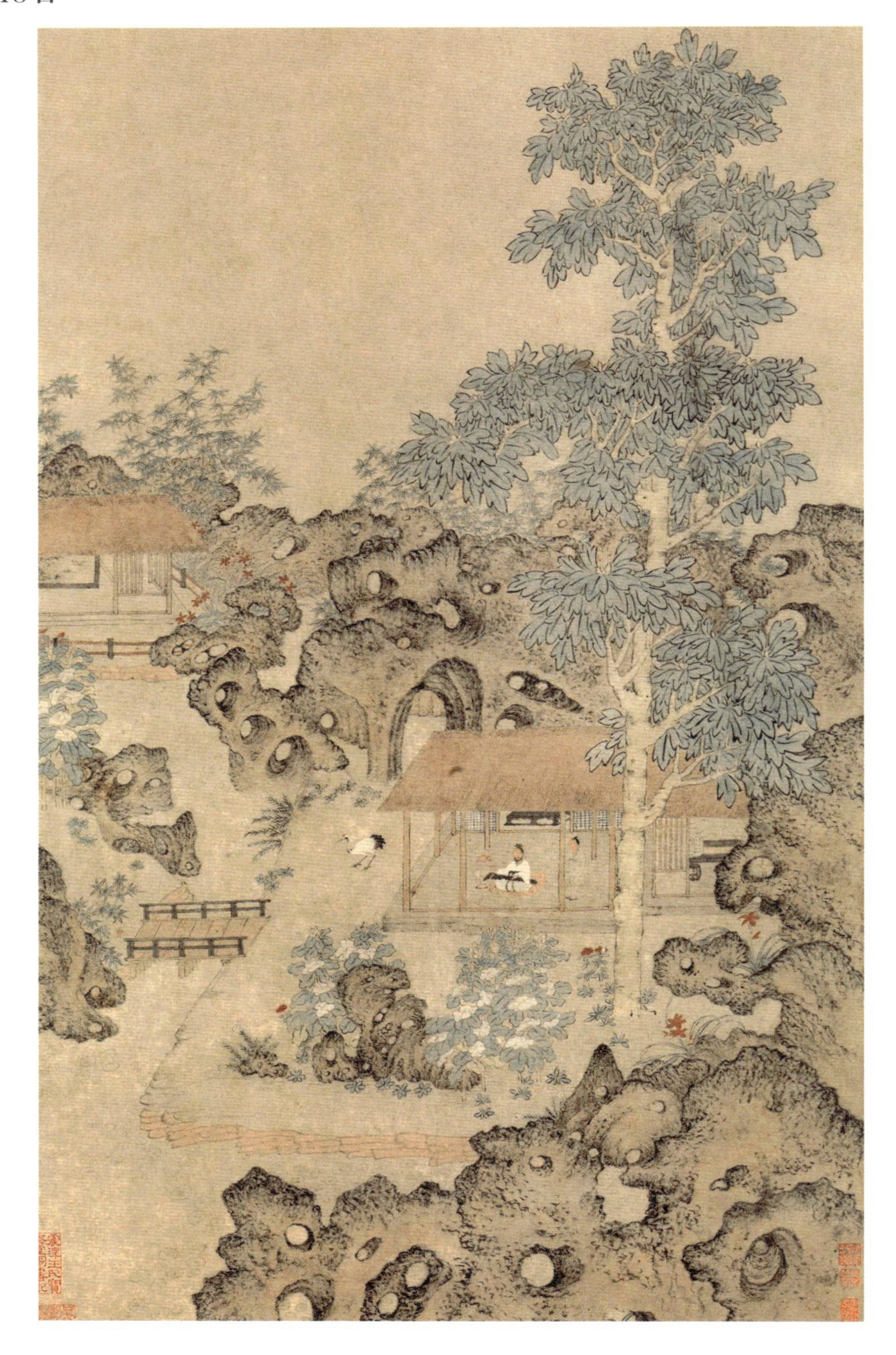

“前人栽树，后人乘凉。”

中国谚语

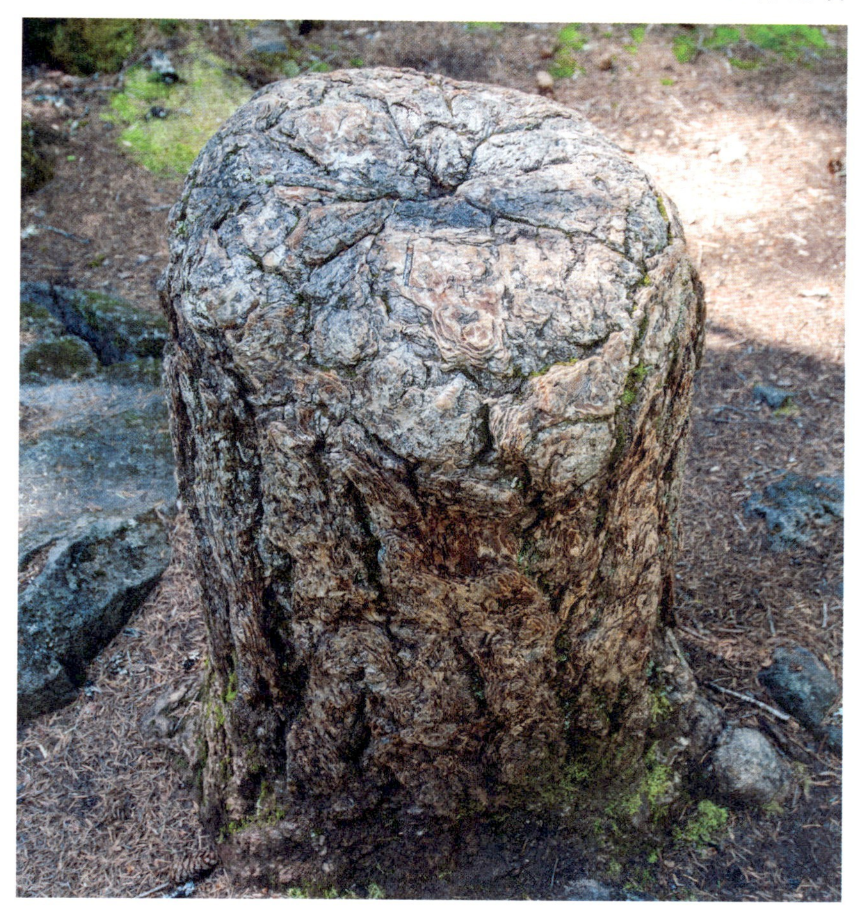

活树桩

上图：通过与周围树木的连接，这个树桩即使没有叶子也能存活下来，被切割的地方也愈合了。

左图：16世纪四五十年代的明代绢本彩墨《为鹤奏琴》。

砍倒一棵树并不一定就是结束。许多树种很好地适应了风暴或动物活动造成的自然破坏（海狸和大象都经常砍倒树木），而且被砍断或折断的树桩上可能会重新长出新生命。这是修剪树木使其得以生长的基础（见第259页）。在那些不能再生的树种中，它们不能再制造自己的食物，但它们的树桩仍然可以利用其木质组织中储存的能量存活数年。在某些情况下，由于树木在其一生中与周围的树建立了地下联系，生命甚至得以延长。这些连接可以是直接的：通过融合的根，或者是间接的：通过菌根真菌网络（见第272页）。通过这些连接，附近的树木可以与倒下的同伴的树桩分享水分和营养，并使其几乎无限期地存活下去。据了解，有些活着的树桩已经存活了数百年。

教堂紫杉

紫杉树在基督教教堂的院子里很常见，但在很多情况下，紫杉树比教堂还要古老。紫杉长期以来一直被视为生命的象征，在异教徒的宗教圣地中经常是一个重要的特征。随着基督教在中世纪的传播，比起从零开始，教会更容易接受其他宗教的普遍特征以及它们所携带的一些传统。英国格洛斯特郡的圣爱德华教堂的紫杉侧门被认为是英国作家约翰·托尔金（John Tolkien）描述中土世界魔瑞亚精灵门的灵感来源。

在英国格洛斯特郡的小镇斯托昂泽沃尔德，圣爱德华教堂的门两侧长满了奇异的粗糙紫杉。

梧桐树缺口
英格兰

大约1900年前，哈德良长城（Hadrian's Wall）是罗马帝国占领的不列颠尼亚（Britannia）与皮克特（Pictish）、盖尔（Gaelic）部落统治的北部地区的边界。而其附近的英国梧桐树只有几百年的历史。

梧桐树是英国最上镜的树木之一，这种具有数百年历史的梧桐树（欧亚槭）生长在罗马帝国时期建造的哈德良长城附近，靠近诺森伯兰郡的内陆湖。它的全球知名度源于1991年美国演员凯文·科斯特纳（Kevin Costner）主演的电影《罗宾·汉：盗贼王子》。电影迷们认为，在电影中，罗宾在英格兰南海岸的多佛白崖上岸，并在夜幕降临时设法到达了东米德兰兹的舍伍德森林，尽管他通过这个靠近苏格兰边境的位置时和吉斯本的盖伊发生了打斗，但这似乎并没有对这棵树的声誉造成任何损害——它在2016年被评为英国的年度树。

哈尔纳克村的中空道路
英格兰

中空道路是一种古老的人行道，在人和动物的踩踏和雨水的共同作用下，它被嵌进了景观的深处。

现在，这条宁静的小路从英国西苏塞克斯郡的哈尔纳克村通往一座完好无损但已不再使用的风车。这条精致的小路曾经是一条“高速公路”——被称为斯坦街的罗马道路的一部分，从奇切斯特一直延伸到伦敦桥。这是一条中空道路的最好例子，一条树木之间的道路，由于人们几个世纪的穿梭和岁月侵蚀，路面逐渐磨损，现在已经与景观融为一体。

直立的枯木

生活在直立的枯木栖息地的生命群落，不同于生活在倒下的枯木栖息地的生命群落。后者所处环境可能是潮湿的，因此枯木腐烂得更快。

对树来说，死亡是生命的一部分。在自然环境下，它们通常会慢慢地、一点一点地死去，即使健康的个体也会很早就出现所谓的老年性特征，比如在年轻时出现腐烂洞。心材是第一个死亡的，而患病或损坏的树枝可能在倒下之前很久就死亡了。在这个时候，逐渐腐烂的木材对大量其他生命变得有用。真菌和无脊椎动物是最突出的靠腐木生存（以枯木为食）的生命形式之一，但其他动物则利用形成的空腔作为生存场所，例如筑巢孔或栖息地。

右图：一幅19世纪的版画描绘了石炭纪（煤形成时期）热带景观中树状蕨类植物的多样性。

远右上：格拉夫顿著名的蓝花楹木，格拉夫顿位于澳大利亚新南威尔士州北部河流域。

远右下：大小和年龄相似的同种森林树木在树冠层上似乎尊重彼此的空间。

煤炭森林

煤是一种可燃的碳基化石岩，它是在大约3.2亿至2.5亿年前的石炭纪晚期和二叠纪地质时期，由控制着现在的欧洲、亚洲和北美大片陆地的植物遗迹形成的。这些植物，包括早期的树木，如鳞片树、石松、马尾和蕨类植物，形成了广阔的史前湿地森林。二叠纪之后，这样的森林继续生长，但当细菌和真菌进化出能够分解木本植物组织赖以形成的复杂分子的能力时，煤炭形成时代结束了，这使得它们被保存下来的可能性大大降低。这些巨大的森林对地球的大气和气候产生了缓慢而深远的影响——吸收碳并降低全球气温——而化石燃料的燃烧在很短的时间内逆转了这一过程。

11 月 25 日

蓝花楹木

这是一种极具观赏性的行道树，原生于南美洲，已被广泛种植在全世界的温带到热带地区的城镇中。在许多地区，它们开花时非常吸引人。在澳大利亚的格拉夫顿镇，每年都会举办蓝花楹木节庆祝活动，但当地的学生们将这种花与考试季联系在一起，并将这种考试压力称为“紫色恐慌”。

11 月 26 日

树冠避羞

“树冠避羞”是一种生物现象，同种树木靠得很近，从而抑制树枝的生长，这样它们的冠层就不会重叠，避免因遮蔽邻近树木的树叶而对彼此产生的不利影响。

“那天晚上，在迈克斯的房间里，长出了一片森林……”

这张图片来自莫里斯·森达克的电影版《野兽国》（又名《野兽家园》）。

森林是故事的诞生地，从《吉尔伽美什史诗》（古巴比伦的古老英雄史诗）到格林兄弟的童话集锦，再到美国作家莫里斯·森达克（Maurice Sendak）宏伟壮丽的《野兽国》（*Where the Wild Things Are*）。就像吉尔伽美什，像汉塞尔和格莱特（格林童话中的人物），像小野兽迈克斯（《野兽国》的主人公），我们被吸引到森林中，让我们的想象力自由驰骋，用叛逆的自然主义者和英国作家罗杰·迪金（Roger Deakin）的话来说，“通过迷失来找到我们自己”。

树皮

树皮结构，从左上角顺时针方向分别是：橡树、桦树、栗子树和松树。

树皮由外层的已死亡组织和活的内层组成，内层包含了树的维管系统，包括韧皮部导管，它将光合作用产生的糖输送到植物的各个部分，为生长和代谢过程提供燃料。除了在一定程度上保护树木，树皮还可以作为其他生命形式（如藻类、地衣、苔藓和附生植物）的基质，这些生命形式通常可以在不损害树木的情况下利用树皮。

皮拉缪斯和忒斯彼

忒斯彼在一棵血迹斑斑的桑树下发现了她心爱的皮拉缪斯的尸体，这个经典故事与后来莎士比亚的《罗密欧与朱丽叶》有明显的相似之处。

在古罗马诗人奥维德最初写的一个故事中，皮拉缪斯和忒斯彼是巴比伦城的一对年轻恋人，由于家族不和而被禁止结婚。他们通过两所房子之间的墙壁裂缝沟通，计划私奔，并安排在一棵桑树下见面。忒斯彼第一个到达，在树下发现了一头狮子。她逃脱了，但留下了她的披风，这是狮子撕下来的，上面有最近一次杀戮留下的血迹。皮拉缪斯来的时候，他看到的只有撕破的、污迹斑斑的衣服和狮子留下的脚印。他悲痛欲绝，用自己的剑自杀了。忒斯彼回来的时候发现他已经死了，也结束了自己的生命。这对不幸的人的血溅在桑树的果实上，使它们从白色（白桑）变成了人们更熟悉的红色，众神同情这种悲剧，决定让这种桑果颜色的改变永久化。

我们绕过桑树丛

欧洲

沃尔特·克兰（Walter Crane）对桑树丛舞的想象（1877）

我们绕过桑树丛，
桑树丛，
桑树丛，
我们绕过桑树丛
在一个寒冷的早晨。

这首传统儿歌中的树种有多种变化，大多是荆棘，而在斯堪的纳维亚半岛，则是杜松。合唱时人们手拉手围成一圈，然后根据歌词增加动作，例如“这就是我们洗脸/梳头/刷牙的方式”——总是以“……在一个寒冷的早晨”结束。桑树版本可能开始于英格兰北部韦克菲尔德的女子监狱，囚犯在19世纪种植的桑树周围锻炼。这棵树于2017年死亡，取而代之的新树是从旧树切割下来的一部分生长而成的。

挪威云杉

挪威云杉柔韧的树枝和蜡状的针叶是为了适应大雪而生（积雪在其所积累的重量压断树枝前就掉落了）。

挪威云杉原产于北欧的斯堪的纳维亚半岛、东欧和中欧，现在在整个欧洲和北美西部分布得更加广泛，种植成材后作为软木木材和制造纸浆的作物，当然还用作圣诞树（它的常绿性使其便于使用）：在古老的传统中，几乎所有的常绿植物都用于冬季节日，而这种植物的对称形状和规则的分枝使它特别适合装饰。若要在野外识别挪威云杉，须寻找熟悉的形状：长锥形状、带纸状鳞片的树皮和带菱形截面的针叶，其中一边还有微弱的淡色斑点线。类似的锡特卡云杉则更硬、更平，两边都有淡蓝色的线条。

森林之神
新西兰

壮观的“森林之神”周长超过52英尺（16米），体积约为250立方米。

“Tāne Mahuta”是一个毛利语名字，意为“森林之神”，是一棵巨大的贝壳杉（*Agathis australis*），生长在新西兰北温带地区的怀波瓦森林。它是现存的同类中最大的，可能是最古老的。在2013年的一场长期干旱中，这棵树出现了缺水的迹象，于是人们从溪流中提取2000多加仑（约1万升）的水转移给这棵树以确保其生存。在同一森林中，还有另一种巨大的贝壳杉，毛利语为“Te Matua Ngahere”，意为“森林之父”，它更矮，且“腰围”更大。像所有新西兰贝壳杉一样，这些巨型贝壳杉受到一种被称为贝壳杉枯梢病的威胁，这种病是由一种霉菌引起的，目前相关管理机构正在采取措施控制其蔓延，包括关闭受影响的森林。

12月3日

特拉法加广场的圣诞树

英格兰

自1942年以来，每年12月高耸云杉圣诞树都矗立在伦敦特拉法加广场，这是挪威奥斯陆市每年送给英国的礼物。这一传统始于第二次世界大战期间，当时挪威国王哈康七世（Haakon Ⅶ）在1940年4月由于德国入侵而逃离自己的国家流亡伦敦。2021年的这一天，伦敦的灯光点亮，标志着圣诞节庆祝活动的倒计时开始。

高耸的圣诞树每年都会矗立在伦敦特拉法加广场上，也是英国和挪威友谊的象征。

“自我拥有的树”

美国

上图：这是一张明信片，描绘的是乔治亚州阿森斯镇的一棵“自我拥有的树”，它在1942年倒下之前是一个旅游景点。

右上：烤栗子是一种季节性的美食。

右下：红口桉树皮上的涂鸦是一种无害的昆虫破坏。

根据美国佐治亚州阿森斯镇当地的传说，1890年当地居民威廉·杰克逊（William Jackson）上校将一棵矗立在住宅街道上的白橡树（Quercus alba）的所有权过户给它自己。如果这样的行为真的在纸上存在过，那它早就消失了，但居民和市政当局对这棵树的喜爱和尊重一直存在。这棵“自我拥有的树”于1942年倒下，但在1946年12月4日，它被一棵从它的橡子中长出的树苗所取代，树苗一动不动地矗立在那里，旁边的石碑解释了杰克逊上校的杜撰事迹。

12月5日

甜栗子或西班牙栗子

欧洲栗

这种树寿命长，有很强的生长和繁育能力，它的树皮在幼树初期是光滑和灰色的，但随着年龄的增长会形成深而向上的螺旋状裂缝。果实在带刺的绿色外壳中发育，受外壳保护它们直到成熟并准备从树上掉下来。此时，应采摘带刺但大而有光泽的栗子。带皮的栗子可以被烤制或者剥皮用作馅料，糖渍成蜜饯或磨成无麸质面粉。

12月6日

红口桉

红口桉的树皮光滑，树皮上的神秘涂鸦是由特殊蛾类的幼虫留下的觅食痕迹。这种桉树和飞蛾在澳大利亚新南威尔士州的分布和活动范围有限，但在悉尼地区很受欢迎，被栽种于街道旁和花园内。它也会在其他地方生长，但孤立的红口桉树无法吸引飞蛾，因此缺乏涂鸦。

卢娜
美国

环保活动家朱莉娅·巴特弗莱·希尔将她在树冠下生活近两年的经历记述下来，并广泛宣讲。

1997年12月，环保活动家朱莉娅·巴特弗莱·希尔（Julia Butterfly Hill）爬进了一棵有1000年历史的海岸红杉（北美红杉），因为太平洋木材公司威胁要砍伐这棵红杉。这棵树位于美国加利福尼亚州洪堡县，在一次雷击中幸存下来，并被活动组织“地球第一”的成员命名为“卢娜”（英文为Luna，意为月神）。希尔留在卢娜的树枝上，住在一个离地面180英尺（55米）高的临时平台上，持续了738天，直到达成协议，拯救了这棵树和它所在的树林。2000年，卢娜在一场破坏分子的袭击中幸存下来，他们用链锯几乎锯断了一半树干，但这棵树至今仍屹立不倒。

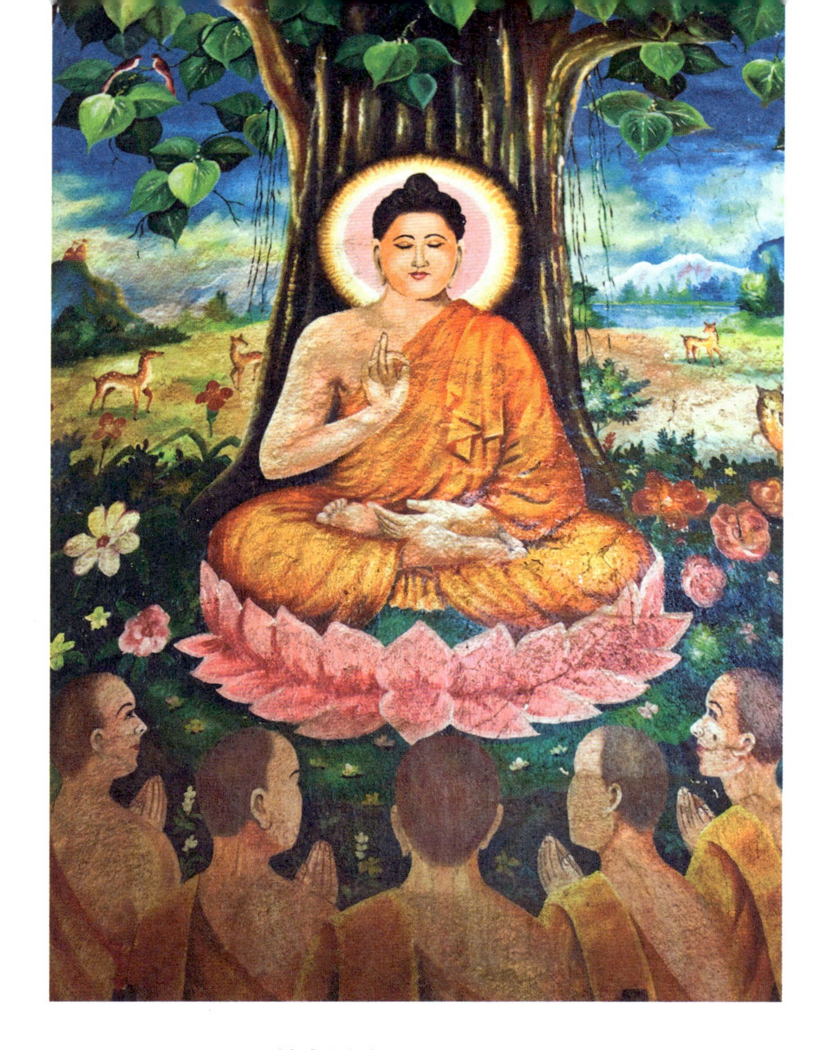

菩提树

印度

佛在菩提树下静坐49天后顿悟时的壁画。

最初的菩提树（觉醒之树）是一种神圣的无花果树（宗教榕树），生长在印度比哈尔邦的菩提伽耶。大约在公元前500年，哲学家和精神导师乔达摩·悉达多（Siddhartha Gautama）放弃了让他变得瘦弱的6年极度自我克制和自律，在圣树下进行了为期49天的冥想，最终获得了使他成为佛陀的觉悟。这棵树变成了一个圣地，但遭到了无数次攻击，每次都被替换（见第303页）。每年12月8日（一般为农历腊月初八）的菩提节，都会庆祝发生在这个地方的具有变革性的事件。

12月9日

圣诞快乐

维果·约翰森（Viggo Johansen，1891）

在隆冬将常青树或树枝带入室内的传统由来已久。现代风格的室内圣诞树——通常是用灯饰和装饰品装饰的挪威云杉，在19世纪初被德国皇室推广，并在19世纪40年代由阿尔伯特亲王在英国推广。圣诞树很快就成了维多利亚时代的节日时尚，但是查尔斯·狄更斯（Charles Dickens）对此表现出些许的不屑，称其为“新的德国玩具”。

12月10日

伊利的伦敦梧桐树

英格兰

一棵巨大的伦敦梧桐树生长在剑桥郡伊利镇主教宫的花园里，被认为是在1670年代甘宁主教任期内种植的。它是英国同类植物中最大的，周长超过33英尺（约10米），是最早在这里种植的植物之一。

上图：一棵英国裂柳展现出该物种的向水性，它的全部或部分最终会落入水中。

左上：约翰森的画作是斯堪的纳维亚节日传统的缩影。

左下：冬天的伦敦梧桐树，树皮脱落，呈现出光滑、苍白的特征。

裂柳

柳属爆竹柳

作为河岸和潮湿地方最常见的树木之一，裂柳因其在强风中容易分裂或折断而得名。它可以长得很大，但经常剧烈地向水面倾斜。小树枝和树枝也同样脆弱，随着一声响亮而尖锐的断裂声，它们的底部被折断了。用这种方法折下来的小枝可以发芽生根，迅速长成新树。和大多数柳树一样，裂柳很容易杂交，植物学家对它本身是否为杂交品种存在分歧。

猴谜树
智利南洋杉

一棵猴谜树俯瞰着皑皑白雪覆盖的拉宁峰。南洋杉这个物种在安第斯山脉出现之前就已经存在很久了。

这种原产于智利和阿根廷的树种自18世纪晚期以来就被广泛种植在世界各地，所以很多树都有足够的时间长到100英尺（约30米）的高度，令人称奇。成熟的树干，通常带有皱巴巴的略带粉灰色的树皮，类似于象腿，甚至像与它们同样历史悠久的恐龙的腿。有人提出，南洋杉树的高度是推动食植性蜥脚形亚目恐龙（如迷惑龙和梁龙）进化出超长脖子的因素之一。“猴谜树”这个名字其实是指这棵树的厚叶非常多刺，但事实上，很多动物都爬上了这棵树，尤其是松鼠，它们在树上收集并埋葬从球果中提取的种子。现在猴谜树在它们的本土范围内受到严格保护，因为伐木导致它们被列为濒危物种。

洋槐

刺槐

这种优雅的树种在美国东部有一个小而分散的原生范围，也被称为假金合欢。它作为观赏树被广泛介绍到世界各地，这要归功于它的大簇芳香的花朵，以及它的复叶，复叶在微风中摇曳，展示了它蓝绿色的上表面和苍白的下表面，令人愉悦。可悲的是，在许多地方，对该物种的热情已经变成了敌意：它现在在澳大利亚、南非甚至在其原生范围之外的美国部分地区被认为是一种入侵性极强的杂草。一旦成长起来，就很难去除，因为它很容易吸吮，而且幼树上长满了长刺。

英国埃塞克斯冬季的一种观赏刺槐，远离其在美国东部的老家。

12月14日

失落的词语：柳树

罗伯特·麦克法兰和杰基·莫里斯（2017）

《失落的词语》（*The Lost Words*）的作者罗伯特·麦克法兰（Robert Macfarlane）和杰基·莫里斯（Jackie Morris）将其描述为一本“咒语”书，用来召唤那些在儿童语言中已经消失的自然词汇。20个“咒语”以离合诗（由单一字或多字或字母，以逻辑的方式来组成诗文的短诗类型）的形式呈现，并以三联画的形式说明每个单词的缺席、召唤和恢复。这本书在2017年出版后成为一种文化现象，相关的众筹活动在英国各地兴起，以确保尽可能多的儿童能读到这本书。这本书还激发了一系列其他项目，包括音乐和戏剧诠释以及自然小径（nature trails，一项自然景观项目）。“柳树咒语”唤起了这些河岸魔法树的韧性和独特性。

“哦，向我们敞开你的心材，柳树，你愿意展示你的内心深处，你的粗糙外表，你刷过水的树枝，你的枝条，你的谷物，你的结吗？

听众们，我们永远不会对你耳语，也不会说话，也不会喊叫，即使你学会说桤木、接骨木、白杨、山杨，你也永远不会知道柳树的词语——因为我们是柳树，而你不是。”

选自罗伯特·麦克法兰和杰基·莫里斯的《失落的词语：一本法术书·柳树》（2017）

杰基·莫里斯的画作《柳树》是《失落的词》一书中被孩子们重新提起的20个大自然的名字之一。

12月15日

高大铁心木或（新西兰）奇异果圣诞树

桃金娘科常绿树

在毛利人的神话中，高大铁心木树的深红色花朵在英雄塔瓦基（Tāwhaki）从天上掉下来时的鲜血中生长出来。在新西兰北岛北端的雷因加角的悬崖顶端，有一个古老的样本，据说它标志着死者的灵魂离开世界的地方。这种在12月中旬出现的引人注目的花，长期以来一直被用作宴会和节日的装饰，这一传统很快被欧洲定居者打破，取而代之的是他们用类似颜色的冬青来庆祝圣诞节。

在新西兰北岛的科罗曼德尔半岛的海岸上，高大铁心木树正开花。

冬青树

红翅鸟和其他一些鸟类从亚极地地区向南迁徙，途中以温带的浆果类，如冬青浆果为食。

在英国最常见的树中，冬青树可以通过它光滑、多刺的叶子被辨认出来（抬头看看更高处，通常在牛和鹿够不到的地方，冬青叶子的刺要少得多）。树皮特别苍白光滑，带有小的疣状丘疹，但很容易被忽视，因为树叶全年都留在树上。冬青是一种常青树，一年四季为野生动物提供了重要的保护，仅在雌性树上结出明亮、喜庆的浆果，在冬季吸引黑鸟、画眉鸟、田鸫和红翅鸟等鸟类。木材坚硬且非常苍白，几乎呈象牙色，常用于制作精美的家具和镶嵌细工，以及用于雕刻。冬青树在许多文化的民间传说中都有出现，它象征着生命、复原力和生育能力，并被用作抵御巫术的保护。

12月17日

冬青和常春藤

这首广受欢迎的英国民间颂歌于19世纪初首次出版，其实这首歌的历史更加悠久，之前是通过口述传统流传下来的。

“冬青和常春藤，
当他们都长大后，
所有的树木都藏在森林里，
冬青树戴着皇冠。

旭日东升
还有小鹿奔跑，
弹着欢快的风琴，
唱着动听的歌声。

冬青树开花，
雪白如百合花，
玛利亚生下了可爱的耶稣基督，
成了我们可爱的救世主。

冬青树结着浆果，
就像鲜红的血液，
玛利亚生下了可爱的耶稣基督
为罪人做好事。

冬青树上有一根刺，
就像荆棘一样锋利，
玛利亚在圣诞节清晨
生下了可爱的耶稣基督。

冬青树结着树皮，
痛苦不堪，
玛利亚生下了可爱的耶稣基督
拯救我们所有人。

冬青和常春藤，
当他们都长大后，
所有的树木都藏在森林里，
冬青树戴着皇冠。”

12月18日

巨型红杉

英国伦敦自然博物馆

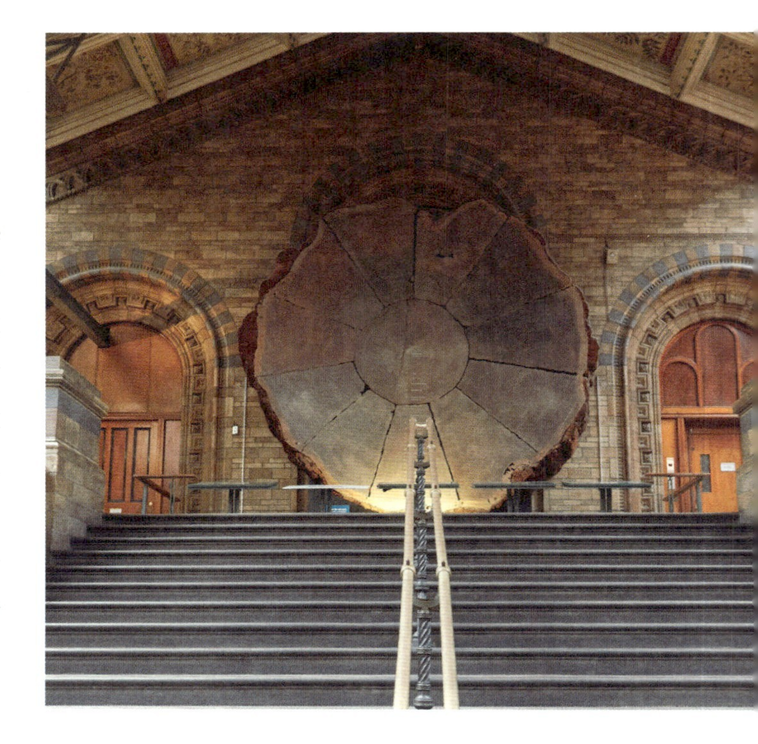

如果你参观伦敦的自然博物馆，爬上辛兹大厅（Hintze Hall）的石阶，经过名为“希望”的蓝鲸的巨大骨架，在最顶端你会发现另一个庞然大物——或者至少是其中的一部分。这片巨大的红杉于1893年在美国加利福尼亚州被砍伐。它最近被修复了，可以很清楚地看到年轮，这些年轮记录着它从中世纪早期到机器时代1300多年的成长过程。

12月19日

索科特拉岛龙血树

在遥远的波斯湾索科特拉岛，当地特有树木的比例高得惊人——大约37%的当地树种是在其他地方找不到的。其中包括独特的龙血树，其英文和学名指的是其树脂的深红色。这种树脂的珍贵价值在于它可替代有毒矿物染料朱砂。龙血树脂，在当地被称为“emzoloh”，几千年来一直被珍视。

打人柳

上图：2004年华纳兄弟出品的电影《哈利·波特与阿兹卡班的囚徒》中霍格沃茨怪异易怒的打人柳。

左上：这是一大片有着1300年历史的巨型红杉，其中的每一圈的年轮都还能数得清。

左下：龙血树在也门索科特拉岛干旱的山坡上生长。

这棵神奇的树生长在英国作家乔安妮·凯瑟琳·罗琳（Joanne Kathleen Rowling）所著的“哈利·波特”系列丛书中的哈利·波特（Harry Potter）曾就读的霍格沃茨魔法学校。打人柳是一种凶猛的生物，有着棍棒般的枝条，可以猛击入侵者。在《哈利·波特与密室》中，一辆载着哈利·波特和他的朋友罗恩·韦斯莱（Ron Weasley）的飞车紧急降落在它的树枝上，它做出了激烈的反应。后来才知道，这棵树还比较年轻，是为了掩盖一条秘密通道的入口，这条通道从学校通往附近霍格莫德村（village of Hogsmeade）一座摇摇欲坠的建筑。这座建筑被称为尖叫棚屋，是各种角色的藏身之处。

12月21日

圣诞原木

欧洲和北美

北方文化的冬季节日通常与光和火有关，有许多版本的圣诞原木——一大块木头，通常作为礼物，在冬至那天被拿来。原木在仪式上被烧掉，在节日期间，可以持续燃烧，也可以一天燃烧一点。在欧洲，尤其是英国，后来在北美，按照传统习俗应该保留一块烧焦的木头，用来点燃下一年的原木。

12月22日

冬青王

英国

作为两个异教神之一，冬青王是与橡树王（见第176页）相对应的冬季神，象征着冬季和黑暗。在新异教艺术中，他经常被描绘成一个裹着冬青树的老人；这个角色的凯尔特人版本可能对塑造圣诞老人的现代形象起到了作用。

雪海求生

上图：高海拔云杉一年中有数月的时间被冰封住，但要避免完全冻结。

左上：在许多北欧文化中，一棵巨大的风干原木构成了冬季节日的核心。

左下：冬青人是冬至庆祝活动中的特色。

一般来说，冰冻对植物组织是不利的，但生长在极端纬度和海拔的树木已经发展出令人钦佩的耐寒能力。对于生活在极北地区的云杉和冷杉来说，在冬季它们的针叶会一直保持常绿，它们之所以能适应零度以下的温度，是由于它们可以从细胞中提取水分，但这样水分会被冰破坏，导致细胞汁液更浓，冻结温度更低。这种耐冻性还要求树木能够应对细胞脱水。另外的策略是使之过冷来避免结冰，这使得水在冰点温度以下保持液态。植物组织的过冷可以通过产生抑制冰晶生长的蛋白质和去除水中可能作为冰核形成位点的杂质来实现。

收集乳香

在一棵乳香树上，一处人为有意切割的地方渗出了树脂的斑点和珠子。它们干燥后将被手工收集。

乳香通常是乳香属树木的干燥树脂。这些坚韧的小树在阿拉伯半岛干旱、多石的高地上茁壮成长。收集乳香通过在树上做小切口，或通过去除树皮的方式进行。这种树会释放出厚厚的白色树脂来应对这种伤害，树脂与空气接触后会凝结并干燥，形成又小又硬的斑点。燃烧乳香可释放一种甜美的木质气味，乳香也可以通过蒸馏来制作香水。

圣诞节的十二天

英国鸟类学家、画家、插画家罗伯特·吉尔莫尔（Robert Gillmor）笔下的著名画作：《圣诞节的鹧鸪》。

“在圣诞节的第一天，我的真爱送我一只站在梨树上的鹧鸪鸟。”

几百年来，这首流行但古怪的圣诞颂歌一直是英语国家圣诞节庆祝活动的主角。歌词于1780年出现在一本儿童读物中，但没有收录音乐，然而这首圣诞颂歌的版本早在那之前就已经流行了。有人推测，歌曲的第一段落中的梨树实际上是对perdrix（鹧鸪）这个法语单词的误读，而最初的“第一份礼物”就是那只鸟。熟悉的旋律是由弗雷德里克·奥斯丁（Frederic Austin）于1909年编曲并发行的一首传统民歌。

12月26日

红豆杉
欧洲紫衫

位于英国威尔士波伊斯郡圣迈克尔教堂外的一棵紫衫树，据说已有约5000年的历史。

作为世界上最受尊敬的树种之一，这种黑暗、神秘、长寿但有毒的常绿针叶树既是永恒生命的象征，也是死亡的象征。除了围绕着单粒种子球果的粉红色的假种皮外，由于叶子、木材和种子中含有高浓度的生物碱，这种植物的所有部分对牲畜和人类都是剧毒的。但从红豆杉中分离出来的其他化合物却是救命的，有助于化疗药物紫杉醇的开发。红豆杉通常生长在一些神圣的地方，包括基督教教堂墓地，它还用来防止当地牧民的牲畜走失。然而，大多数红豆杉比它们旁边的教堂要古老得多，很可能这些地方在被基督教接纳之前就因为它们的树而被认为是神圣的。此外，红豆杉这种木材有弹性，容易加工，是制作长弓的首选材料。

比亚沃维耶扎森林
波兰和白俄罗斯

广袤的低地森林对欧洲野牛的生存起着至关重要的作用。这头大公牛戴着无线电追踪项圈，这是正在进行的监测与保护工作的一部分。

从法国南部的比利牛斯山脉向北、向东延伸到乌拉尔山脉的大片低地平原，曾经有大片森林覆盖。这片原始森林现只剩下一些残片，其中面积最大、最完整的一片有540平方英里（1400平方千米）。比亚沃维耶扎森林（Białowieża Forest，又称别洛韦日自然保护区），横跨波兰和白俄罗斯的边界。这片森林是一群欧洲野牛和数千棵巨大的古老橡树的家园。它有多个称号，包括联合国教科文组织的世界遗产和欧盟自然2000（Natural 2000）特别保护区。即便如此，波兰一侧的大片老森林现在仍被砍伐，这既违反了指定条款，也违反了欧盟法律。

西部红雪松

侧柏

上图：西部红雪松被认为是加拿大“最粗糙的树”。

右上：德国哈尔多夫的一种被霜覆盖的小叶椴树或酸橙。

右下：在北极光下，加拿大北部和欧亚大陆的针叶林构成了地球上最大的陆地生物群落。

西部红雪松是另一种来自北美西海岸的潜在巨大针叶树，然而严格来说，它是一种柏树，而不是真正的雪松。它长得很高，只在顶部分枝的特征使它成为一棵理想的木材树，具有笔直、均匀的纹理，结很少。它的木材既轻又结实，而且天然抗腐烂，这要归功于它的木材中心里含有芳香的杀菌化合物。它被广泛种植在世界各地的温带地区。

12月29日

小叶菩提树或椴树

欧洲最常见的椴树为小叶菩提或椴树，其叶子的长度大多不足3英寸（约8厘米），大部分甚至还不到2英寸（约5厘米）。叶子下面有红色的毛，但只在叶脉之间的连接处有。这一特点以及光滑和苍白的树皮，使它区别于普通的椴树和其他大叶物种。椴树的自然传播相当缓慢，因此这种树种的出现通常局限于古老的林地，并且它被视为栖息地相对不受干扰的积极指标。

12月30日

针叶林带

这片覆盖了加拿大、阿拉斯加、斯堪的纳维亚半岛北部和俄罗斯的大部分地区的针叶树林，位于北纬50度和70度，被称为针叶林带或北方针叶林。他们主要由云杉、松树、落叶松和一些桦树组成，覆盖了地球上超过11%的土地面积。这些树木能够在-76华氏度（-60摄氏度）以下的温度下生存。

12月31日

“你们这种人永远不会把我们看得完整。你错过了一半，甚至更多。地下的东西和地上的东西一样多……如果你稍微有些环保意识，我们就会让你沉浸其中。”

选自理查德·鲍尔斯（Richard Powers）的《上层故事》（2018）

索引

鸣谢

人类对这些强大的、沉默的同伴的了解比自身作为一个物种的历史还要悠久，但人类仍有很多东西要学习。在写一本自然历史书的时候，几乎不可避免的是，书中的某些内容可能在印刷之前就已经过时，因为对树木的认知，人类在不断取得了惊人的进步。笔者感谢一个非凡的集体，该集体由有名的和无名的自然学家和科学家、林业工作者和采集者、艺术家和摄影师、诗人和作家、说书人和教师、领导人和思想家、自然资源保护主义者和活动家构成，这些成员的想象力、好奇心、智慧和热情贯穿全书，并照亮了这本书。

笔者非常感谢蒂娜·佩尔绍德（Tina Persaud）邀请自己为美丽的“一天……”系列撰稿，也非常感谢克里斯蒂·理查森（Kristy Richardson）在2020年和2021年异常棘手的情况下依然坚定地工作，该棘手情况曾令所有人深陷其中。笔者一如既往地感谢罗伊和洛赫，当笔者为了这个项目把自己关起来的时候，他们在应对封闭性学校教育。

最后且同样重要的是，笔者对树木的爱和感激，是它们给予了其呼吸。

图片来源

我们已经尽一切努力联系版权所有者。如果您有任何关于此集合中的图像的信息，请联系出版者。

© Alamy Stock Photo / A. Astes p352 top; Adam Burton p196-197; adrian hepworth p63; A.F. ARCHIVE p243 top; Alan King engraving p163; Alan Novelli p311; Album p36, p170-171, p330;Album / British Library p228; Alex Ramsay p358; Alex van Hulsenbeek p335; Alwim p281; Andy Collins p120; Angelo D' Amico p273; Anna Ivanova p339 top; Anna Stowe Landscapes UK p144;Antiqua Print Gallery p136 top, p354 top; Antiquarian Images p78; Anup Shah p307; Archive PL p338; Arco Images / Hinze, K p43 bottom; Ariadne Van Zandbergen p15; Arndt Sven-Erik p81; Art Collection 4 p89; Art Heritage p159; Arthur Greenberg p104; Art Media/Heritage Images p135; Artokoloro p95, p180; Art Wolfe / DanitaDelimont p194; Art World p266 top, p266 bottom; Asar Studios p51, p182, p317; Aurelie Marrier d' Unienville p76; BAO p4; Bailey-Cooper Photography p258 bottom; Benard / Andia p169; Bernard van Dierendonck p199; blickwinkel p40, p181 (Katz), p237 (Layer), p267 (McPHOTO/HRM), p283 (R. Bala), p33 (R. Koenig), p294 (R. Linke), p264 (Schulz), p302 (S. Meyers), p175 lower centre (S. Ziese); BLM Collection p56; Bob Gibbons p261, p314, p334; Boelle / Andia p34-35; Botany vision p119; Borislav Marinic p42; Brian McGuire p168; Brownlow Brothers p342 bottom; Cameron Cormack p229; Cavan Images p6;Charles Walker Collection p110; Cheryl-Samantha Owen / naturepl.com p360; Chris Dorney p98, p223; Chris Mattison p128; Christopher Smith p129; Chronicle p52, p97; Clare Gainey p299;Classic Collection p60; classicpaintings p105; ClickAlps p215; Colin Varndell p331 bottom right; Colin Waters p232; craig wactor p331 bottom left; culliganphoto p152; Daniel Rudolf p331 top left; David Chapman p31 bottom; David Foster p191; David Noton p348; David Towers p133; DBI Studio p114; Della Huff p25; Denise Laura Baker p293; Dennis MacDonald p301 bottom; Didier ZYLBERYNG p72; Dmitry Rukhlenko - Travel Photos p37; dpa p313; Eden Breitz p131; Edward Parker p115, p136 bottom; Egmont Strigl p87 bottom; Ellen Isaacs p147; Emanuel Tanjala p77;Emilio Ereza p291; Emma Varley p326; ES RF Travel p96; Ethan Daniels p258 top; Everett Collection p17 top, p66, p322; Everyday Artistry Photography p178 top; eye35.pix p9; Fabian von Poser p188; Fahroni p192; FCL Photography p244; F. Jack Jackson p22; FL Historical 1B p342 top; FloralImages p100; Florilegius p18, p70, p146 top, p256, p312; Flowerphotos p210; FLPA p349; Frank Blackburn p343; Frank Hecker p331 top right; Frank Sommariva p277; Frederik p123; freeartist p201 top; funkyfood London - Paul Williams p276; gardenpics p150 bottom; Gary K Smith p106;Gary Schultz/Alaska Stock p253; Geff Reis p190; Genevieve Vallee p339 bottom; geogphotos p175 top; George Ostertag p138; George Oze p262; Germán Vogel p121; Giel, O./juniors@wildlife p158; Gisela Rentsch p150 top; Gl0ck p270; Granger, NYC. p11 top, p65; Gunter Marx / TA p26; H-AB p329 bottom; Hamza Khan p195 bottom; H. ARMSTRONG ROBERTS p184; Heather Angel p124 bottom; Henk van den Brink p316; Hervé Lenain p230, p240; Hilary Morgan p134; History and Art Collection p23, p218, p274; Homer Sykes p112-113; Iain Dainty p225; Ian Dagnall p140, p285; IanDagnall Computing p315; Ian Sheppard p295; ian west p268; imageBROKER/BAO p130; Imladris p126; Impress p292; Indiapicture Editorial p265; inga spence p239; Ingolf Pompe 4 p173; Ingo Schulz p27; INTERFOTO / History p271; Irina Mavritsina p252; Jani Riekkinen p362-363; JDworks p54; Jeffrey Murray p109; Jesse Kraft p167; Jochen Schlenker p111; Joe Blossom p282 top; Joel Day p174; John David Photography p176 bottom; John Fairhall/AUSCAPE p235; John Gollop p74; John Nowell p356; John Zada p233; Jon Sparks p214; Josh Harrison p14; K7 Photography p325; keith morris news p41; Keith Pritchard p187; Ken Leslie p249; Kjersti Joergensen p179; Konstantin Kalishko p352 bottom; KPixMining p327; Kristin Piljay p344; Larry Geddis p231 bottom; Leon Werdinger p272; Lesley Pardoe p80 top; LianeM p69; Lizzie Shepherd/Destinations p88; Maciej Krynica p269; Marco Ramerini p200; Marcus Harrison - plants p183; Marcus Siebert p361 top; Margaret Welby p345; Mario Galati p248; Mariusz Blach p296-297; Marko Reimann p303 top; mark saunders p7; Martin Bache p185; Martin Siepmann p217, p355; martin meehan p259; Matthijs Wetterauw p282 bottom; McPhoto/Lovell p341; MeijiShowa p219; MEMEME p38; Midnightsoundscape p254; MIXA p222; Moritz Wolf p90-91; Music-Images p333; Nataliia Zhekova p238; Natalya Onishchenko p186 top; Natural History Library p306; Neftali p178 bottom; Nick Garbutt p39; NorthScape p166; North Wind Picture Archives p177; Objectum p17 bottom; Oleksandr Skochko p83; OliverWright p32; Overland Uncharted p280 top; PAINTING p242, p278-279; Panther Media p161; Patrick Guenette p301 top, p328; Patti McConville p255; Paul Brown p336-337; Paul Edwards p321; Petar Paunchev p145; Pete Oxford p206; Peter Barritt p310; Peter Elvin p62; Peter Conner p251; Peter Ekin-Wood p303 bottom; Peter Horree p79, 84; Peter Jacobson p164; philipus p193; Photo Researchers p320, p332; pjhpix p205; PjrWindows p13; Purepix p94; Quagga Media p107; Rachel Husband p175 bottom; Randy Duchaine p8; Ray Boswell p108; Reinhard Tiburzy p241; Richard Becker p304; Richard Childs Photography p275; Richard Faragher p195 top; Richard Wayman p141; Ric Peterson p189; RIEGER Bertrand / hemis. fr p122; riza riza azhari p308-309; RM Floral p50 bottom; Robert Bird p201 bottom; Robert Canis p359; Robert Morris p221; Roger Coulam p118; ROGER NORMAN p224; Roland Pargeter p85; Rolf Nussbaumer p250; roger parkes p137; rsstern p103; Ryland Painter p5; Sabena Jane Blackbird p19; Saint Street Studio p157; SANDRA ROWSE p354 bottom; scott sady/tahoelight.com p286; Seaphotoart p46; Selfwood p117; Shawshots p102; Shim Harno p143; Siegfried Modola p75; SIMON DAWSON p160; Some Wonderful Old Things p49; Stefan Auth p226; Steffen Hauser p284; Stephanie Jackson - Australian landscapes p245 top; Stephen Dalton p149; Stephen Saks Photography p323; Steve Hawkins Photography p176 top; Steven Booth p220; Steve Taylor ARPS p24, p146 bottom, p324; Stewart Mckeown p2-3; Studio Light & Shade p20-21; Sunny Celeste p216; Sunshine p187; Tatyana Aleksieva-Sabeva p82; The Artchives p93; The Book Worm p213; The Granger Collection p227; The History Collection p53, p68, p319; The Picture Art Collection p48; The Print Collector/Heritage Images p260; Thoai Pham p142; Tim Gainey p204; Tim Graham p175 upper centre; Tony Allaker p153; Utterström Photography p257; Val Thoermer p243 bottom; victor pashkevich p329 top; Volgi archive p165; Walter Rawlings p300; Warner Bros/courtesy Everett Collection p290, p353; Witthaya Khampanant p280 bottom; World History Archive p236; Yakov Oskanov p318; Yorkshire Pics p50 top; Zev Radovan p139; Zip Lexing p202; Zoonar/Petr Jilek p288-289; Zoonar/Stefan Ziese p43 top; Zvonimir Atletić p245 bottom.

© Bridgeman Images/ Christie's Images p234.

© Getty Images / Barry Winiker p29; The India Today Group p30; Anne Frank Fonds Basel p58; EVERT ELZINGA p59; Science & Society Picture Library p198; GAMBLIN Yann p340.

© Mary Evans Picture Library/ Illustrated London News p12; Florilegius p151; Medici p350-351; ROBERT GILLMOR p357.

© Nature Picture Library/ Niall Benvie p31 top; John Abbott p57; Andres M. Dominguez p61; Rod Williams p73; Gerry Ellis / Minden p92; Ingo Arndt / Minden p101; Konrad Wothe / Minden p116; David Tipling / 2020VISION p246-247; Eric Baccega p361 bottom.

The publisher would also like to thank the following contributors: p4, p208-209 © Katie Holton; p10 © Brian Burma; p11 bottom, courtesy of The Oxford Times; p16 Ragesoss. Licensed under the Creative Commons Attribution 2.0 Generic License (https://creativecommons.org/licenses/by/2.0/legalcode); p28, p80, 212 and 263 This work has been identified as being free of known restrictions under copyright law, including all related and neighboring rights; p44, p45 (work by Tania Kovats at the Natural History Museum), p287 © Amy-Jane Beer; p47 © Liz Carlson; p55 © BB / Methuen Publishing Ltd; p64 © Nobuo Yasuda; p67 © Spirit of Old; p71 © Jo Stephen; p86 © Agfa the Frog; p87 top © Apartura / Dreamtime.com; p99 © Carry Akroyd; p124 top, by kind permission of the Provost and Fellows, Kings College; p125 © Manx Wytch; p127 © Andrew Harrington; p132 © Carin Wagner-Brown; p148 © Jo Brown; p155 © Nick Hayes (illustrator) and Robert McFarlane (author); p156 Vassto. Licensed under the Creative Commons Attribution-NonCommercial 3.0 Unported (CC BY-NC 3.0) license (https://creativecommons.org/licenses/by-nc/3.0/legalcode); p162 © Keith Deakin aka TreeHugga; p172© Scotland Off the Beaten Track; p203 © James Brunt; p207 © Ben Andrews; p211 © Arthénon / Laurent Bourcellier; p231 top ©Macmillan Publishers Ltd, Nature vol 525, T.W. Crowther and H.B. Glick, Yale School of Forestry and Environmental Studies, Yale University. Permission courtesy of Crowther Lab Research;